Final Cut Pro
短视频剪辑入门教程

微尘 著

人民邮电出版社

北 京

图书在版编目（C I P）数据

Final Cut Pro短视频剪辑入门教程 / 微尘著. --
北京：人民邮电出版社，2022.10（2023.9重印）
ISBN 978-7-115-59594-2

Ⅰ．①F… Ⅱ．①微… Ⅲ．①视频编辑软件—教材
Ⅳ．①TP317.53

中国版本图书馆CIP数据核字(2022)第116318号

◆ 著　　　　微　尘
　　责任编辑　王　汀
　　责任印制　陈　犇
◆ 人民邮电出版社出版发行　　北京市丰台区成寿寺路 11 号
　　邮编　100164　　电子邮件　315@ptpress.com.cn
　　网址　https://www.ptpress.com.cn
　　涿州市般润文化传播有限公司印刷
◆ 开本：787×1092　1/16
　　印张：9.5　　　　　　　　2022 年 10 月第 1 版
　　字数：268 千字　　　　　2023 年 9 月河北第 2 次印刷

定价：69.90 元

读者服务热线：(010)81055296　印装质量热线：(010)81055316
反盗版热线：(010)81055315
广告经营许可证：京东市监广登字 20170147 号

内容提要

　　Final Cut Pro是苹果公司推出的一款高效视频剪辑软件，它与苹果设备深度融合，可使视频剪辑过程更流畅、渲染时间更短，令视频剪辑制作灵活高效，因此深受影视从业人员及视频创作者青睐。

　　本书是一本Final Cut Pro软件短视频剪辑的入门教程，讲解短视频剪辑的基本思路，以及使用Final Cut Pro进行短视频剪辑时涉及的素材的整理和导入、素材的粗剪、声音的加入及处理、全片精剪、调色、转场与特效、字幕的应用、作品的导出等内容，并结合软件呈现短视频剪辑实战。

　　本书适合Final Cut Pro软件初学者、影视剪辑初学者、短视频博主、影视相关专业的学生阅读参考。

序

生活碎片的美好串联

2022年初夏，我有幸成为微尘老师这本书的第一个读者。我从我个人的视角梳理出这本书的脉络，然后给予他一些感性的反馈。

在万物互联的短视频时代，这本关于Final Cut Pro 软件系统化应用的图书无疑会成为一本实用的工具书。这本书中有许多Final Cut Pro软件的基本操作和详尽的使用步骤解读。作为一名美食静物摄影师，我会在剪辑短视频时将这本书放在身边，随用随查。

我在多年的摄影教学中遇到过很多初入摄影领域的同学，他们提及短视频剪辑就会退缩，理由多是短视频剪辑太难、烦琐、搞不懂，也有很多同学因为对Final Cut Pro软件不了解而产生抵触情绪。在这个分享内容蔚然成风的短视频时代，碎片化的素材需要用合适的工具连接起来，经过剪辑形成内容丰富的短视频，同时也可以融入创作者的灵感，最终变成创作者要的流畅画面。

如果想让短视频清晰有质感，有节奏，有层次，有内容，有风格，那么Final Cut Pro 软件是视频创作者和摄影师很好的选择。

这本书的内容简洁明了，打开Final Cut Pro软件，对照着图书操作一遍，你会推开一扇通往新世界的门，发现剪辑真的是一件可以让人沉浸其中而忘却时间的趣事。这本书会帮助你真正掌握Final Cut Pro 的操作。

愿你能与我一样视这本书为宝藏，沉浸式地感受剪辑的快乐。

旧 食

2022 年 5 月于北京

前言

近十年来，Final Cut Pro一直是我最常用的剪辑软件，频繁的使用让我对它有了越来越深的认知，我也越来越容易沉浸在剪辑视频的过程中。剪辑对我来说是一件让我既享受又兴奋的事情，它似乎可以一直给我带来新鲜感。通过不断地剪辑视频，我可以更加完整地实现对视频作品的构想，作品的表达也变得更加丰满。

特别感谢本书的责任编辑王汀，在他的邀约和鼓励下，我有机会对多年积累的剪辑知识进行系统的整理和输出，他给本书的创作提出了很多有益的建议，使本书更加实用，并能给人带来轻松的阅读感受。这本书作为短视频剪辑的工具书，没有按照软件的功能去排列章节，而是按照我习惯的剪辑顺序对章节进行安排，这样的剪辑顺序是我在长期的创作过程中整理出来的，它高效且好用，希望我的分享可以让同学们既能掌握Final Cut Pro软件的使用，又能养成好的剪辑习惯，达到事半功倍的效果。我在写作这本书时力求做到高效输出、言简意赅、让人一目了然，以便同学们在学习时即使不按部就班地翻看，也能快速找到自己需要解决的问题的答案。

感谢我的搭档旧食老师，她是我的发小儿，既是我三十多年的挚友，也是多年的事业伙伴，我们共同创办了旧食课堂。近七年来，我们开设了大量的美食摄影和美食短视频课程，收获了来自五湖四海的许多可爱的学生，我们合作完成了海量的食摄项目，获得了众多客户的认可，也因此接到许多重要项目抛来的橄榄枝。在创作本书之前，她给了我很大的鼓励和支持，在这本书的写作过程中，我也得到了她的很多宝贵建议，因为有她的全力支持，这本书才得以顺利完成。

感谢我的家人、朋友和旧食课堂的同学们，多年来，正因为有他们的支持，我才能笃定、踏实地越走越好，才有动力和责任感为短视频的创作和剪辑持续做着梳理和精进工作。

短视频的高速发展让更多的人接触到拍摄和剪辑工作，短视频剪辑是一门技术，更是一门艺术，而剪辑软件就是帮助我们挥洒灵感的工具，也是实现我们的构思的"最终武器"。希望这本书能帮你敲开短视频剪辑的大门，走进一个充满美好和创造力的世界。

微尘

2022 年 5 月于北京

目　　录

短视频的剪辑思路

对于短视频剪辑，每一个创作者都会有自己的剪辑思路，不同的剪辑师也会有不同的剪辑手法。很多刚开始接触剪辑的创作者往往缺乏合理的剪辑流程，导致在剪辑过程中出现浪费时间精力、效率低下的情况。这里不对剪辑习惯做过多的讨论，只从简洁明了的工作流程出发，对剪辑思路进行梳理。剪辑一条短视频的流程通常如下。

（1）素材的整理和导入

严谨的素材整理既可以对有效素材进行完整筛选，也可以帮助剪辑师迅速掌握全片素材，只有全面了解素材，剪辑时才能随时根据自己的创意调用素材。合理的素材导入方式既可以减轻电脑负荷，又可以提升工作效率。

（2）素材的粗剪

粗剪可以去掉时间线上素材的冗余部分，留下素材的可用部分，这对接下来的剪辑工作起到很好的铺垫作用。

（3）声音的加入及处理

对于一条视频来说，声音是和画面同样重要的组成部分，优秀的声音处理既可以让作品更加丰满，也能给观众带来更好的感官体验。

（4）全片精剪

精剪是剪辑过程中至关重要的一步，一条视频的剪辑节奏和剪辑风格都会在这个环节确定，这也是剪辑师发挥创意的舞台。

（5）调色

在影视工业中，视频的调色是由专门的部门来完成的。对于短视频来说，调色通常会由剪辑师一并完成。优质的调色能对画面进行完整的色彩还原，调色人员也可以根据自己的想法注入个人风格，从而最大度地增强画面感染力。

（6）添加字幕、转场及特效包装

字幕、转场和特效一般被称为视频的包装部分，这些元素就好比商品的包装，可以重点突出短视频的特点，同时完善或增强画面和声音表达的内容，好的包装能让短视频的质感得到较大提升。

（7）导出作品

导出是剪辑工作的最后部分，我们需要根据不同平台的要求对导出格式进行调整，满足播放平台要求的作品能够最大限度地避免压缩受损，从而保证良好的播放画质。

按照上述的流程去完成剪辑，可以尽量避免重复操作，提高剪辑效率，剪辑师可以把注意力更多地放到剪辑本身，从而创作出更好的作品。本书的章节设置也是按照上述流程来安排的，下面就一起来学习吧。

Final Cut Pro 概述

- 购买与安装 Final Cut Pro 软件
- Final Cut Pro 的优势与不足
- Final Cut Pro 的操作界面
- 新建项目

2.1 购买与安装 Final Cut Pro 软件

Final Cut Pro的购买和安装非常简单。由于Final Cut Pro是苹果公司的软件，因此我们可以在苹果官方的App Store里面购买、下载和安装Final Cut Pro。

进入 App Store后，在搜索框中输入"Final Cut Pro"并单击搜索图标即可找到该软件（图2-1-1），单击"获取"按钮，支付购买费用之后，就可以下载该软件了。Final Cut Pro购买后是可以永久使用和更新的，并且可以在所有登录了你的苹果ID的设备上使用，非常方便。

图2-1-1

如果你是在读及新录取的高校学生，或是各级教师和教职员工，可以在苹果官网最下方的"教育应用"中找到"高校师生选购"页面（图2-1-2），进行身份验证之后，即可通过教育优惠的方式购买Pro App套装。套装里包含苹果公司的多个视频及声音处理软件，相对于非高校师生，费用方面会有一定优惠。

图2-1-2

2.2　Final Cut Pro 的优势与不足

　　Final Cut Pro 作为一款优秀的视频剪辑软件，结合了高性能的数码编辑功能和对多数视频格式的支持，易于使用且节省时间，可以让剪辑师在剪辑过程中重点关注故事情节。Final Cut Pro 的操作界面非常简单，即使是初学者，也能通过简单的学习很快掌握使用技巧。同时，在 Final Cut Pro 中可以导入和编辑目前大部分的视频格式和主要的专业摄像机格式的文件，并且具有非常流畅的工作模式，在该软件中进行视频的剪辑、调色、包装等操作都非常顺畅。Final Cut Pro 的不足之处在于对系统的依赖性，使用这款软件必须基于苹果公司的 mac OS，这给一些创作者造成障碍。

2.3　Final Cut Pro 的操作界面

　　Final Cut Pro 的操作界面总共分为 4 个部分（图 2-3-1），分别是资源库面板、检视器面板、检查器面板、时间线面板。

图 2-3-1

图 2-3-2

（1）资源库面板

　　资源库面板也叫资源管理器面板、浏览器面板，是对导入的素材进行管理的地方。

　　在资源库面板里，可以利用上下级关系对素材进行分类筛选，把不好的素材筛掉，把好的素材留下来并且进行整理和归类。

（2）检视器面板

　　检视器面板也叫监视器面板，它的作用是对画面进行预览，不管是资源库面板还是时间线面板中的画面，都可以在检视器面板中预览（图 2-3-2）。检视器面板上面的信息条显示了当前所预览素材的基本信息，左侧三个参数分别是分辨率、帧速率和音频配置，中间是素材或项目的名称，右侧的百分数是当前素材的缩放比例，我们可以通过百分数右侧的下拉菜单去改变缩放比例。为了查看细节或缺陷，我们可以选择较大的百分比预览素材。如果在下拉菜单中选择"适合"，那么预览素材的比例就会自动适应检视器面板，此时不管怎么改变检视器面板的大小，素材的显示大小都会跟着变化。

（3）检查器面板

检查器面板是素材的属性面板，在这里可以查看素材的相关参数（图2-3-3），并对画面进行各种调整操作。在左上角可以看到，整个面板被分为4个子部分：单击第一个胶片按钮可以打开影片参数面板，在这个面板中可以改变素材的大小，对素材做裁切或变形操作，这些会在本书后文详细讲解；单击第二个斜三角按钮可以打开色彩校正面板，可以对画面进行调色；单击第三个喇叭按钮可以打开音频检查器面板，在这个面板中可以对素材的音频进行设置；单击第4个信息按钮可以进行通用信息的检查面板，在查看并调整片段的属性信息。

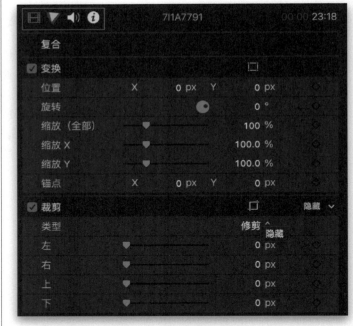

图2-3-3

（4）时间线面板

在整个操作界面的最下方是时间线面板。剪辑师可以把资源库面板里整理好的素材按照自己的创意构思拖曳到时间线上，播放的顺序是从左到右，所以铺放素材的顺序也是从左到右。时间线的总时长没有限制，可以向右无限延伸。而且时间线面板中可以有多层视频、音频、图片、字幕等素材，将它们按一定顺序叠加，能够呈现出不同的画面效果。

了解了每一个面板的作用后，我们再来了解如何隐藏与显示这些面板。Final Cut Pro操作界面右上角有3个并排的矩形按钮（图2-3-4）。单击第一个按钮可以显示或隐藏浏览器面板；单击第二个按钮可以显示或隐藏时间线面板；单击第三个按钮可以显示或隐藏检查器面板。

图2-3-4

图 2-3-5

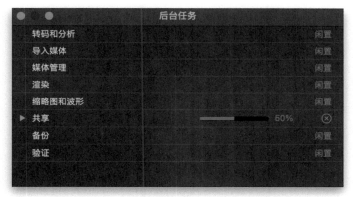

图 2-3-6

这几个功能可以帮我们隐藏一些当前不使用的面板，例如，当我们整理素材的时候，就可以把检查器面板和时间线面板都隐藏起来，这样预览素材时更加直观和方便。

在 Final Cut Pro 操作界面左上角也有 3 个矩形按钮（图 2-3-5），第一个按钮是"导入媒体"，单击它可以打开导入界面，关于导入素材的操作，后文会详细讲解；第二个按钮是"关键词编辑器"，单击后可以对素材的关键词进行管理；第三个按钮是"后台任务"，Final Cut Pro 中的很多任务都是在后台执行的，单击这个按钮后在后台任务面板里能看到所有任务执行的进度。

当我们没有对素材进行任何处理时，后台任务面板会处于闲置状态。当有任务在执行时，对应项目就会显示执行的任务和完成百分比（图 2-3-6）。如果想要查看某个正在执行的活跃任务，可以单击此任务名称左侧的小三角按钮查看。在这个面板中还可以暂停、继续或取消任务。

2.4　新建项目

新建项目之前，我们要了解Final Cut Pro中的上下级关系。

在Final Cut Pro里，最大的一级是资源库，资源库是一个文件夹，里面存放了关于这个资源库的所有素材。在操作界面左上角找到"文件"菜单，依次选择"新建""资源库"（图2-4-1），在弹出的对话框中选择资源库存放的位置，修改资源库的名称，然后单击"存储"按钮（图2-4-2），一个新的资源库就创建成功了。此时可以在操作界面左侧的资源库面板中看到刚刚创建的资源库（图2-4-3），它的图标是4颗星，表示Final Cut Pro里最高的容器级别。

图2-4-1

图2-4-2

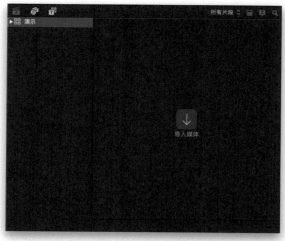

图2-4-3

图 2-4-4

图 2-4-5

图 2-4-6

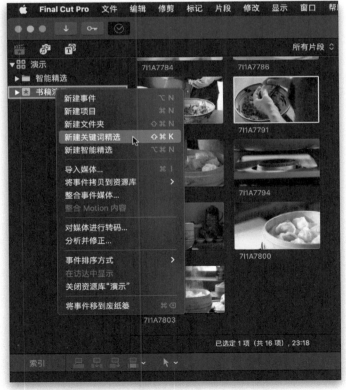

图 2-4-7

资源库的下面是 Final Cut Pro 自动创建的第二级容器，叫作事件，它的图标是一颗星。事件默认以创建当天的日期命名，我们也可以单击日期，对事件名称进行修改，此处改为"书稿演示"（图 2-4-4）。事件必须在资源库下级，一个资源库里至少需要有一个事件，也可以有很多的事件。可以将当前资源库看作一部电视剧的剪辑，那么一个事件就是其中的一集，资源库里面可以有很多集电视剧。

如果想在资源库里新建一个事件，可以在空白处单击鼠标右键，在弹出的快捷菜单中选择"新建事件"，也可以按快捷键 option+N 新建事件。在新建事件时，我们可以修改事件名称，并选择它属于哪个资源库，在只有一个资源库的情况下，会默认选择当前资源库（图 2-4-5）。单击"好"按钮之后，就可以完成新建。可以看到新建的事件与之前系统默认新建的事件呈并列关系，它们前面的图标都是一颗星（图 2-4-6）。

关键词是比事件再低一个级别的容器。关键词需要我们手动新建，先选择一个事件，然后单击鼠标右键，选择"新建关键词精选"（图 2-4-7），快捷键是 shift+command+K。

建好以后，它会显示一个小钥匙图标（图2-4-8）。我们可以把关键词理解为一集电视剧里的标签，在整理素材阶段，可以创建多个关键词，并给它们分别命名，如男主角、女主角等，然后就可以根据这些不同的标签分类素材，有关男主角的素材放到男主角的关键词里，有关女主角的就放到女主角的关键词里。在剪辑需要时去对应关键词里寻找素材就可以了。除此之外，我们还可以通过关键词把音频、视频、图片等素材分开。

最后来看和关键词同一级别的容器——项目。在空白处单击鼠标右键，选择"新建项目"（图2-4-9），快捷键是command+N。同样，在弹出的对话框里可以修改名称，选择它属于哪个事件（图2-4-10），然后单击"好"按钮，就可以看到这个事件的右侧多了一个项目。项目的图标是片场用的场记板的样子，在图标的旁边有项目名称、创建时间（图2-4-11）。每个项目都是一条时间线，所有的素材都可以按照剪辑师的构思放进这条时间线里。

图2-4-8

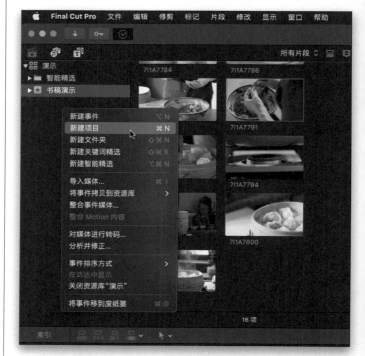

图2-4-9

图2-4-10

图2-4-11

在本小节的最后，我们以一张图概括展示Final Cut Pro中容器之间的包含关系（图2-4-12）。资源库是第一级容器，可以包含一个或多个事件；事件是第二级容器，包含项目、关键词；项目和关键词是第三级容器。

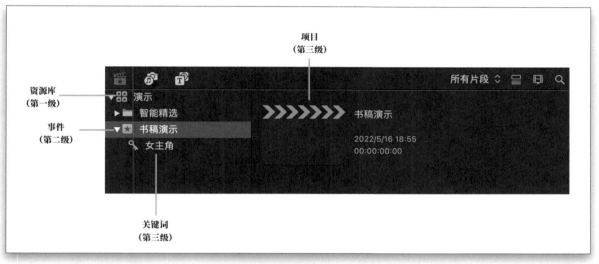

图2-4-12

素材的整理和导入

- 整理素材的注意事项
- 导入素材
- 素材分类
- 常用的素材分类方式——关键词分类
- 其他素材分类方式

3.1 整理素材的注意事项

将素材导入计算机后，我们通常不直接将素材导入Final Cut Pro等剪辑软件，而是先对素材进行整理。整理素材没有固定的要求，主要按照个人习惯来处理。

我习惯使用日期、地点和主题来命名素材文件夹，这样便于保存当天的拍摄记录，同时可以在浏览时快速知道哪天在哪里拍摄了什么。在素材文件夹里，可以将这条片子按照不同的使用场合分别整理成不同的子文件夹，方便剪辑时使用（图3-1-1）。

图3-1-1中的"原始素材"文件夹中的文件就是拍摄完之后直接从摄像机里复制出来，没有进行任何编辑的文件。还有一个"DIT转码"文件夹，可以先将其中的文件简单地理解为把

一个很大的原始素材文件变成方便剪辑的小尺寸素材。通常情况下，我们可以直接使用摄像机的原始文件进行剪辑，但如果使用的计算机的性能不够高，剪辑高分辨率的视频素材时可能会发生卡顿，这时候就需要先对原始文件进行转码再剪辑。

摄像机的原始文件是分卷的，在图3-1-1中可以看到，这次拍摄的文件分成了A01卷和A02卷，每一卷里面是摄像机所有的视频源文件及内部数据。

图3-1-1

【扩展知识】卷名是什么？

卷名是从胶片时代沿用下来的名词，每当我们拍完一卷胶卷，会给胶卷贴上唯一的编号，以便区分。到了数字时代，一般摄影机的每一张存储卡会有对应的唯一编号，该编号就是卷名。

在电影领域，很多摄像机都支持自动分卷和内置卷名（在视频文件内写入隐性卷名），拍摄完成后，在存储卡内可以直接看到以卷名命名的文件夹。

除了原始文件以外，还会有资源库文件和其他文件，资源库文件在前文中已经介绍了，其他文件指的是剪辑中可能会用到的素材，如品牌的logo、音乐、同期声、花絮、剧照等文件也需要分类整理，方便后续查找。

素材拍摄完成后最重要的工作——备份

　　将素材复制到计算机中后需要进行整理，在整理好素材以后，一般会立刻备份素材。在有条件的情况下备份素材最好不低于两份，且备份在不同的移动设备上，这样即便出现了问题，例如磁盘出了故障，或者工程文件不小心被覆盖或删除，都可以用备份文件替换原始文件。

　　在将所有素材按卷名整理好之后，选择根文件夹，也就是以日期、地点和主题命名的文件夹，把它完整地复制到另一个磁盘上，并且重新命名，在源文件名上增加"备份"字样（图3-1-2）。备份文件和源文件不能存储在同一个磁盘中。因为这个盘一旦出现故障，备份文件肯定也会受到相应影响，所以我们要把备份文件放在不同的磁盘中。

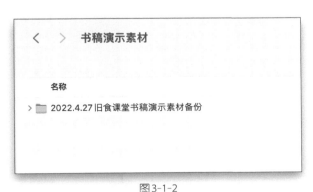

图3-1-2

3.2　导入素材

　　在Final Cut Pro中，素材的导入主要有两种方式。第一种素材导入方式是在菜单栏依次选择"文件""导入""媒体"，快捷键是command+I，可以打开导入界面。

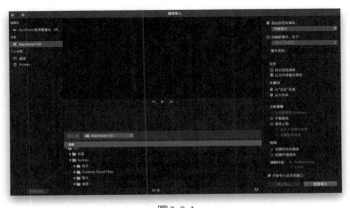

图3-2-1

　　导入界面（图3-2-1）分成3个部分，最左侧是导入源，可以在这里选择不同的文件存储位置进行导入，选择磁盘后，可以在界面中间的位置看到该磁盘下的文件夹，此时既可以进入文件夹，选择里面的文件，也可以选择整个文件夹或者多个文件夹进行导入。导入界面中间是预览区域，在此可以预览选中的素材。

导入界面的右侧是导入选项（图
3-2-2）。第一个选项用于设置将素材
导入哪个事件中，默认选择"添加到
现有事件"，也可以选择新建一个事
件，确认事件所在的资源库并进行
导入。

第二个选项"文件"非常重要，
可以选择将文件"拷贝到资源库"或
"让文件保留在原位"。如果选择将
文件"拷贝到资源库"，就会把选中
的所有素材文件完整地复制到资源库
中；如果不想让文件完整地复制到
资源库，就需要选择"让文件保留在
原位"。

这两个选择各有利弊，如果选择
将文件"拷贝到资源库"，数据就会
完整地复制一份，这样如果有100GB
的原始数据，就需要200GB的空间来
存储。如果不想造成数据冗余，就可
以选择"让文件保留在原位"，这样
文件是不会变化的，依旧存放在原本
位置，Final Cut Pro会创建链接指向
该文件。这样做的优点是节省空间，
缺点是如果存储素材的移动存储设备
不小心丢失了或者因误操作把素材删
掉了，那么将无法在时间线上继续剪
辑，除非重新链接回删掉的素材。

第二种素材导入方式是直接将整
理好的素材拖入素材面板。但在此之
前，需要在Final Cut Pro的"偏好设
置"中选择文件存储方式。在左上角
选择"Final Cut Pro"，选择"偏好设
置"（图3-2-3），之后就可以对导入
位置进行选择了，所有选项和第一种
导入方式一样，此处就不再做过多讲
解了。

图3-2-2

图3-2-3

接下来看"关键词"选项，这里的"关键词"和第2章中介绍的"关键词"是相同的，区别是创建的时间节点不同。这里是根据导入素材的属性直接赋予关键词，第2章是导入素材后根据素材的不同特点创建关键词。我们可以把"关键词"选项理解为在将素材进行手动分类后，在软件里对素材再次进行分类，可以给不同的片段设置不同的关键词作为标签，方便快速查找和使用。

"关键词"下有两个复选框，当勾选"从'访达'标签"创建关键词时，如果在整理素材时给素材增加了颜色标记（在素材文件上单击鼠标右键并选择标记颜色），那么素材会以颜色为关键词被分类导入软件中；当勾选"从文件夹"创建关键词时，素材所在文件夹的名字就是导入后的关键词。

导入界面下方的"分析视频""转码"等选项（图3-2-2）此时可以不设置，后续可以根据需要在剪辑过程中对单个素材的这些选项进行处理。

在上述操作全部完成后，单击"全部导入"按钮，即可完成素材的导入，这时会出现一个框，包含摄像机录制的一些附属信息。记录信息的摄像机文件是不支持导入的，软件会弹出提示对话框（图3-2-4），单击"继续导入"按钮，软件会自动导入所有可以识别的文件。

导入完成以后，软件会自动关闭导入窗口，这样就完成了素材导入的操作。

此时展开当前事件，可以看到针对访达标记，整理素材时做了颜色标记的文件已经被单独分类，还有根据不同文件夹名称分类的所有素材，也都已经按照关键词做好了分类（图3-2-5）。

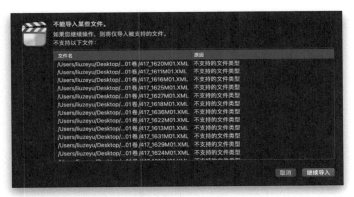

图3-2-4

图3-2-5

除了以上两种导入方式，下面再来介绍一下其他导入方式。

当我们将一张摄像机存储卡插入计算机时，Final Cut Pro会自动识别出来，并打开导入界面（图3-2-6）。

这时有一点要注意：在使用摄影机或者摄像机存储卡导入素材的时候，会发现它和磁盘不在一个分类里，磁盘在"设备"栏，而刚插入的摄像机存储卡则会被分到"摄像机"栏。

与之相对应的右侧的导入选项也会发生变化：此时只能选择将文件"拷贝到资源库"，而不能选择"让文件保留在原位"。这是因为系统设定此时连接计算机的存储卡会随时被取走再次拍摄，让素材保留在原位会影响剪辑进程。如果我们不希望素材被复制到资源库中，就需要先将存储卡中的素材复制到计算机或者其他移动存储设备中，再进行素材导入。

图3-2-6

3.3　素材分类

在完成素材导入后，不要急于开始剪辑，而是要对素材进行整理和再次分类。

在整理素材时，可以先隐藏时间线面板和检查器面板。单击软件右上角第二个和第三个矩形按钮，隐藏时间线面板和检查器面板，留出更大的空间，可以方便我们接下来做整理素材的工作（图3-3-1）。

图3-3-1

当素材量非常大时，如果剪辑时一点一点去查找素材，会非常浪费时间和精力。因此需要通过分类，让找素材的过程变得省时省力。

例如，在大量素材中，涵盖某位演员的素材是零散分布的。如果先选中所有与该演员有关的素材，对它们进行分类，剪辑过程中要使用关于这位演员的素材时就可以根据相关分类迅速找到，方便更有条理地进行剪辑，节省时间。

当选中一个素材时，这段素材会被加上黄色边框，拖曳框的最左端就可以选择素材的起始位置，拖曳最右端就可以选择结束位置。编辑完之后，可以看到框出了一个新的小片段，这个区域就是选择的有效素材。此时再对这个素材进行操作，就会只对中间的小片段起作用，这个小片段里左边的黄线位置就是入点，右边的黄线位置就是出点（图3-3-2）。每一个片段都有入点和出点，片段默认的入点和出点就是起始位置和结束位置。

入点　　　出点

图3-3-2

【扩展知识】为什么要选择一个素材的片段？

当素材同时包含了很多（可能是两个或两个以上）的元素时，对素材整体进行归类时可能难以确定该把它归到哪一类里面。选择片段之后，我们可以把每一个小元素用上述方式分开，从而更明确地进行分类。

3.4 常用的素材分类方式——关键词分类

在 Final Cut Pro 中，关键词分类是最常用的一种素材分类方式。

在事件名称上单击鼠标右键，选择"新建关键词精选"，也可以按快捷键 shift+command+K，之后输入关键词的名称，即可完成一个关键词的新建（图3-4-1）。

现在这个关键词是空的，我们要从事件里选择相应的片段分配给它。按住 command 键，选择需要的和这个关键词相关的素材。选择好素材以后拖曳素材，可以看到鼠标指针的位置有一个"8"，表示我们拖曳了 8 个素材片段。直接把素材片段拖曳到新建的关键词上面（图3-4-2）。

完成上一步后，可以看到素材片段有了变化，所有被拖曳过的片段上都出现了一条蓝线（图3-4-3）。蓝线表示这个素材被分配给了一个或一个以上的关键词。只有被分配给关键词的素材片段才有蓝色的线，其他素材片段是没有这条线的。

图3-4-1

图3-4-2

图3-4-3

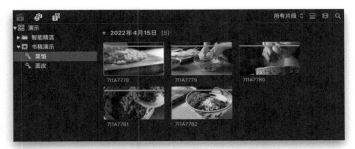

图3-4-4

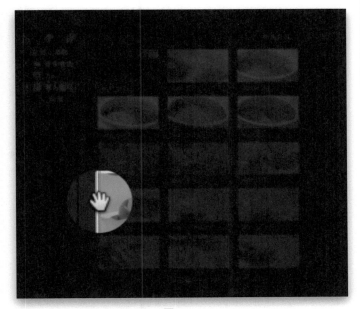

图3-4-5

图3-4-6

图3-4-7

　　下面我们看一下已经分配好的素材。在剪辑过程中，直接找要用的素材片段会耗费很多时间。而现在我们单击关键词就能看到所有刚刚被拖曳到这里面的素材片段（图3-4-4）。现在只要在这些素材里面找到当前剪辑需要的片段就可以使用了。

　　除了对一整条素材进行分类，我们还可以对其中的小片段进行分类。

　　拿图3-4-5中的片段举例，前几秒画面是静止的，后面是揭开盖子的过程，我们可以将其分类，通过拖曳选择画面静止的范围（图3-4-5），拖曳的时候，鼠标指针旁会出现一串时间码，这就是我们当前选择范围的时长。选择好范围后，可以把素材分为几部分进行操作。首先，新建一个关键词，在事件名称上单击鼠标右键，选择"新建关键词精选"，命名为"空镜头"，然后把画面静止部分的素材拖曳到"空镜头"关键词里。分配完以后，可以看到在刚刚选中的范围里是有蓝线的，因为我们给它分配了一个关键词，而后面没有分配关键词的部分没有蓝线（图3-4-6）。如果单击蓝线，就会默认选中这个小片段。随后给后面的这一段素材也做一个分类，再新建一个关键词——"成品展示"，把后面的部分选中，拖入该关键词中。现在我们就已经把事件中的这一整个素材拆分成两个小片段，分配给两个不同的关键词（图3-4-7）。大家可能会担心，在事件中如果不能精确地选择出入点，该怎么办。没有关系，当我们把片段拖曳到时间线上使用的时候，只要素材本身还有更多内容，该片段的出入点就可以随时调整。

在关键词里对素材进行的操作仅仅是为了方便分类，所选择的片段是从整个素材中截取的，并不会删除其他内容，而是把无关的部分隐藏起来。

除了上述拖曳的方式，我们还可以使用快捷键I设置一个入点，然后移动鼠标指针到想要结束的位置，按快捷键O设置一个出点，这样也可以选择一个片段。如果想用这种方式在一个素材内选择多个片段，就需要按快捷键command+shift+I设置多个片段的入点，按快捷键command+shift+O设置多个片段的出点（图3-4-8）。

图3-4-8

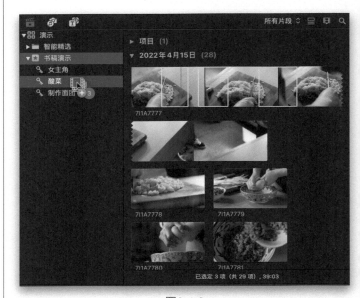

图3-4-9

在同一个素材里选择多个片段后进行拖曳，就可以将这些片段分配给对应的关键词（图3-4-9）。

分配关键词除了可以使用选中、拖曳的方式，还可以使用快捷键。Final Cut Pro界面的左上角有一个和关键词图标一样的钥匙图标（图3-4-10），单击该图标按钮会激活关键词编辑器，单击关键词快捷键的下拉按钮，可以看到这里给出了9个空白的关键词设置，可以输入"空镜头""菜馅""面团"等关键词名称（图3-4-11），名称左侧的"control+1""control+2"等就是关键词对应的快捷键，需要给素材设置关键词时，只需要找到素材，按下对应的快捷键即可。

图3-4-10

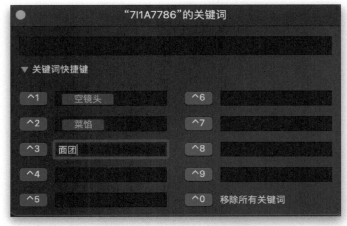

图3-4-11

图3-4-12

图3-4-13

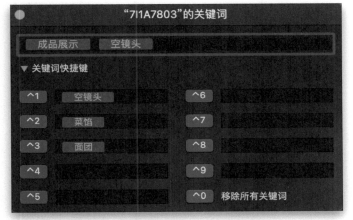

图3-4-14

在为一个素材的多个片段设置关键词后，如果想要清除片段的选择，只需要选中这些小的片段，让黄色的区域亮起来（图3-4-12），随后按快捷键option+X，就可以清除当前素材中所有的入点和出点（图3-4-13）。清除之后再选择这个素材时，就可以选择全部内容了。针对其他素材也是一样的操作方式，也可以使用快捷键option+X清除出入点，使素材恢复如初。

给一个或多个文件分配关键词时，可能会有选错或多选的情况，此时可以按快捷键command+K，打开关键词编辑器，选择要编辑的素材，最上面将显示素材包含的全部关键词（图3-4-14），删除错误的关键词。删除后重新查看，就可以发现这个素材已经从这个关键词里消失了。

3.5　其他素材分类方式

除了关键词分类，还有其他几种素材分类方式。

（1）注释系统

注释系统与关键词不同，它不是给素材做分类，而更像是为素材添加标签。例如，这个素材是用索尼相机拍摄的，而其他素材都是用佳能相机拍摄的，这时我们可以单独给这个素材创建一个注释，需要用到检查器面板。

选择需要注释的素材后，打开检查器面板，检查器面板上方是有关素材设置的几个分类按钮——视频、音频、信息。单击"信息"按钮，在下方下拉菜单中选择"基本"，在中间找到"注释"选项（图3-5-1），在右侧文本框里输入注释内容，例如"佳能拍摄，注意颜色匹配"，这样这条注释就添加好了。

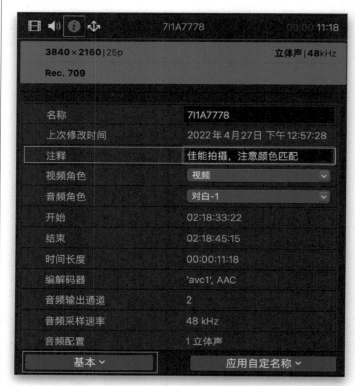

图3-5-1

除了可以在检查器面板中添加注释外，还可以在资源库面板中添加。先切换资源库面板的预览模式，单击"在连续画面和列表模式之间切换片段显示"按钮（图3-5-2），图像模式就切换成列表模式了。之后，找到需要添加注释的素材，然后向右滑动，找到"注释"下的空格，双击进行编辑，在此处编辑好的注释与检查器面板里的注释是同步的。

图3-5-2

图3-5-3

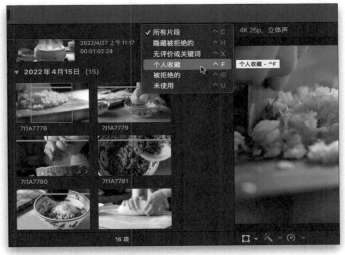

图3-5-4

图3-5-5

图3-5-6

如果向右滑动找不到"注释"栏，可以在上面的标题栏单击鼠标右键，在快捷菜单中选择"注释"，就可以添加注释栏了（图3-5-3）。

（2）评价系统

Final Cut Pro提供了素材评价系统来对素材进行分类（图3-5-4），评价分为3个状态："个人收藏""被拒绝的"和"未使用"。

"未使用"指的就是素材最初的样子，没有进行任何编辑的状态。如果想把素材评价为"个人收藏"，需要选中整段素材或者素材中的某个小片段，按F键，就可以将其加入"个人收藏"中。添加完成以后，相应的区域就会有一条绿色的线（图3-5-5）。"个人收藏"通常会用来标记一些优质素材，例如演员表现比较好或者表情比较到位的一些镜头。当素材库中有一些素材拍摄得不是很理想，例如演员表演不到位，但音频可以使用，那么暂时不需要删除这个片段，可以按退格键，先把它评价为"被拒绝的"，此时素材会在界面中消失，但并不会被删除，只是被隐藏了。当我们改变右上角的过滤器到"所有片段"时，素材依然都会显示出来。"被拒绝的"素材相应的位置有一条红线（图3-5-6），说明这个部分是被我们拒绝的。

如果想要删除这些评价，不管素材的评价是"被拒绝的"，还是"个人收藏"，只要选择素材后按U键，就可以将素材转化为"未使用"状态。

（3）角色

除了评价系统，还有最后一个素材分类方式——"角色"。它同样需要用到检查器面板，在检查器面板的信息栏中，默认有"视频角色"和"音频角色"。在下拉菜单中选择"编辑角色"（图3-5-7），就可以添加新的角色选择，例如添加"主角"（图3-5-8），设置好以后选择素材，在下拉菜单中选择"主角"（图3-5-9），就可以把该素材分配到"主角"的分类中。通过这个方式，我们可以给所有的素材分配角色。

这种分类方式最常用在时间线上。当有不同角色的素材在时间线上时，打开索引，选择"角色"，可以利用选择索引中的角色来让时间线上与角色相关的素材片段高亮显示（图3-5-10）。

对"音频角色"的控制也是一样，默认角色是"对白"，也可以通过角色做素材分类。

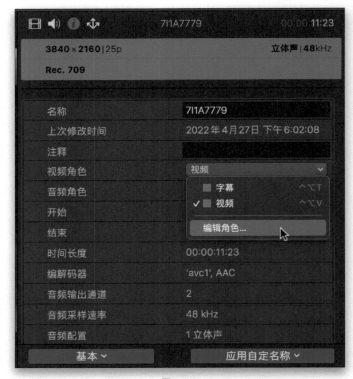

图3-5-7

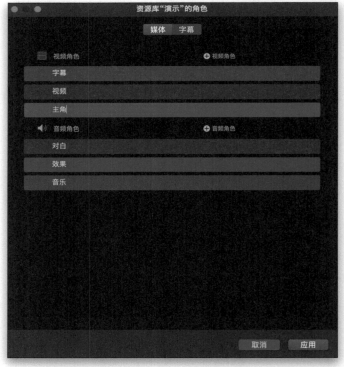

图3-5-8

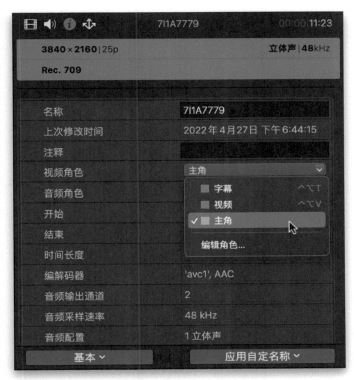

图3-5-9

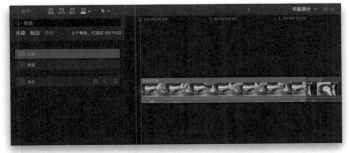

图3-5-10

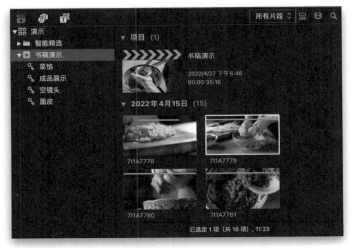

图3-5-11

前面已经讲过了如何使用添加关键词、注释、评价、角色几种方式给素材分类，下面我们来看一下如何找到这些被分好类的素材。

（1）素材的过滤

我们需要认识软件里的过滤器，过滤器在资源库面板的右上角（图3-5-11），第一个选项是"所有片段"，选择该选项所有素材都会显示出来，选择"隐藏被拒绝的"（图3-5-12），可以隐藏被我们评价为"被拒绝的"片段。

选择"无评价或关键词"时，只显示没有被任何评价或关键词标注的素材。在我们分类管理素材的时候，有可能会忘记哪些是没有被分配关键词或评价的素材，此时选择这个过滤条件，就能迅速找到那些没有被分类的素材。

选择"个人收藏"时，只显示个人收藏的素材，其中如果有素材只有部分被评价为"个人收藏"，那么只会显示这一部分。

同理，选择"被拒绝的"时，可以找到整理时被拒绝的素材，如果在整理时只拒绝了一个素材的某个片段，那么只会显示被拒绝的部分素材。

选择"未使用"时，会显示没有在时间线上使用的素材。

（2）素材的搜索

在过滤器旁边，有一个放大镜按钮，单击就可以打开搜索栏（图3-5-13），此时输入素材编号、注释就可以快速找到素材。在搜索框右边有一个按钮，叫作"使用组合标准搜索片段"，单击后会进入过滤器面板（图3-5-14），在这里可以对素材进行分层搜索，默认的第一层是文字，输入文字后就可以进行筛选，单击右上角的"+"按钮，可以继续添加一个"角色"条件（图3-5-15），接着可以筛选出所有关于"主角"的素材。除此之外，还可以增加"评价""媒体类型"等搜索方式，通过多层搜索，最终就可以找到我们需要的素材。

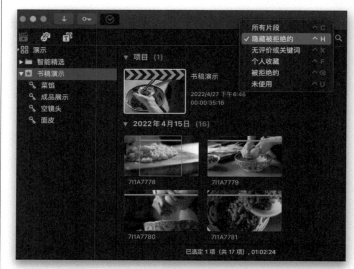

图3-5-12

图3-5-13

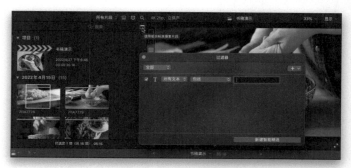

图3-5-14

图 3-5-15

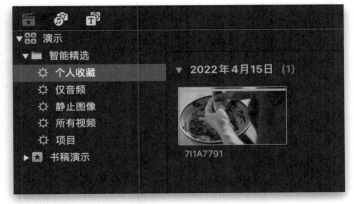

图 3-5-16

需要注意的是，有时我们刚打开资源库面板会发现素材都没有显示出来，这时就要检查一下过滤框，看看是否有筛选条件。如果有，只要把这个条件清除，就能看到全部的素材。

（3）智能精选

除了手动筛选以外，在创建资源库以后，会出现"智能精选"文件夹，打开以后，我们会发现里面包含"个人收藏""仅音频""静止图像"等分类（图 3-5-16），这些是智能精选默认的分类项。除了这些，还可以自己添加分类。在事件名称上单击鼠标右键，选择"新建新智能精选"，分类创建好以后是没有搜索和筛选条件的，需要自行设置，把名称改成想筛选的目标。这里命名为"1-视频和音频"，改好以后，双击它就能打开这个智能精选的设置。我们用分层筛选的方法来设置筛选条件：先根据文本筛选出所有名称中包括数字"1"的素材；然后根据媒体类型筛选，选择"带音频的视频"（图 3-5-17），设置完成后单击"新建智能精选"按钮，这个智能精选就建好了。这里显示的素材就是按刚刚的条件筛选出来的。

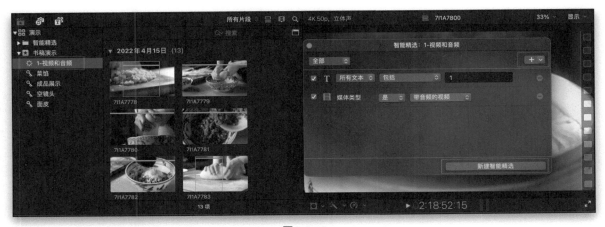

图 3-5-17

素材的粗剪

- 项目的基础设置
- 快照和复制项目
- 重要的时间线
- 常用工具
- 时间线面板中的其他工具
- 时间线上的操控技巧
- 修剪出入点
- 复合片段与故事情节
- 片段的变换
- 给片段添加标记
- 替换时间线上已有的素材

4.1 项目的基础设置

将素材导入资源库中，并且进行分类整理后，接下来就要在时间线面板上创建一个项目，把整理好的素材在这个项目里进行剪辑、编辑等操作。

在资源库面板的空白处单击鼠标右键，选择"新建项目"。在第一次新建项目时，也可以单击时间线面板中间的新建项目按钮，快捷键是command+N。之后会弹出一个新建面板（图4-1-1），在这里可以设置项目名称，并在下拉菜单中选择要把这个项目放在哪个事件里。此时如果单击"好"按钮，那么软件会根据放进时间线面板的第一个素材来定义帧速率、分辨率等，不太推荐这种操作。我们可以在面板的左下角单击"使用自定设置"按钮，然后会弹出详细的参数设置界面（图4-1-2）。

图4-1-1

（1）视频格式

通常情况下，在"视频"选项里，我们需要按照平台要求进行设置。例如，如果输出要求是4K，那么就选择"4K"；如果要输出竖版视频，则需要选择"垂直"；如果需要输出1:1的画面，则选择"正方形"（图4-1-3）。

【扩展知识】NTSC制式和PAL制式的区别：制式有两个选项，一个是"NTSC SD"，另一个是"PAL SD"，这两个制式是不同国家和地区广播通讯的标准制式，美洲大部分国家和日本用的是NTSC制式，而中国和欧洲大部分国家使用的都是PAL制式。如果要制作在国外电视播放的相关视频，则需要提前去查一下当地的制式。如果是制作中国广播通讯视频，则选择"PAL SD"。

图4-1-2

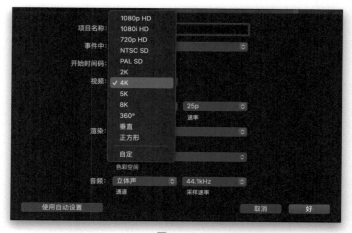

图4-1-3

图4-1-4

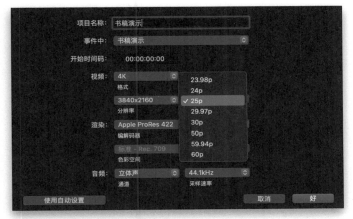

图4-1-5

图4-1-6

（2）分辨率

分辨率决定了视频画面的精细程度，视频画面实际上是由多个像素组成的矩阵。例如，当我们选择3840×2160的分辨率时（图4-1-4），说明画面的每条水平线上有3840个像素，每条垂直线上有2160个像素，这些像素（3840×2160 = 8294400个像素）共同组成一个画面。像素越多，画面就越精细，同样的区域内能显示的信息也就越多，相对来说，文件也就越大。

（3）速率

速率（此处指帧速率）是指视频每秒播放多少帧，一帧就是一个画面。我们看到的动画片就是一张一张的画连续播放形成的动态画面。如果把帧速率降低，就会发现视频有明显的卡顿。通常，网络视频标准的帧速率是25p（图4-1-5），也就是每秒播放25帧，而电影一般会使用每秒24帧的帧速率。现在很多网站支持更高的帧速率，如50p或60p，好处就是相对于25p流畅度会更好一些。所以帧速率要根据最终传播视频的平台来决定。

【扩展知识】在"速率"选项里除了24p、25p，还有23.98p、29.97p等选项，后者来源于使用NTSC制式的时候，为防止信号干扰而做的0.01%的速度误差。相当于每1000帧画面中抽出了一帧，就形成了我们看到的23.98p和29.97p这种不是整数的帧速率。

（4）渲染

渲染是在对素材进行预览时的格式设置，一般选择"Apple ProRes 422"（图4-1-6），当然也可以选择其他的格式，选择下拉菜单中越靠上的选项，画质越好，但相对渲染的速度会越慢。需要注意的是，渲染格式只影响剪辑时的实时观看效果，不会影响最终输出的文件质量。

4.2　快照和复制项目

我们有时候会遇到这样的情况——做好了一个版本的剪辑，但后面还需要做一些调整，因此可能会有第二版、第三版、第四版的剪辑。在不停更改的时候，如果想保留第一版的效果，就需要用到复制项目这个功能。

在需要复制的项目上单击鼠标右键，选择"复制项目"（图4-2-1），快捷键是command+D。这时，项目就会被完整地复制一份，单击项目名称可以对名称进行更改。如果双击新的项目，新的项目会出现在时间线上，这样就可以在复制出来的项目上进行项目第二版的修改。同样地，将项目第二版复制一份，可以修改成第三版，以此类推。

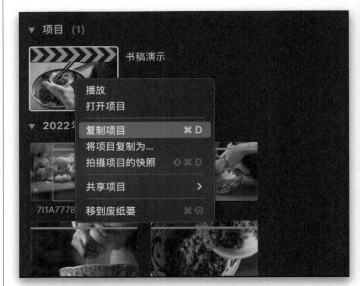

图4-2-1

在项目上单击鼠标右键，选择"拍摄项目的快照"（图4-2-2），快捷键是shift+command+D，由此生成项目快照时，项目看上去和通过"复制项目"得到的结果是一样的，但其实是有区别的。下面通过实例来对比一下。

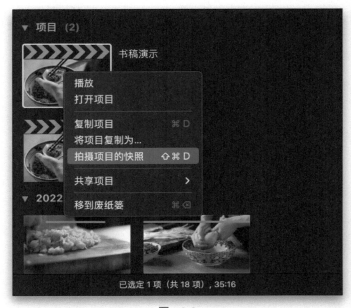

图4-2-2

图4-2-3

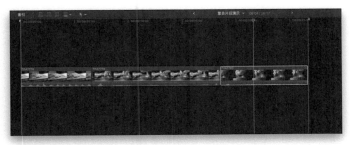

图4-2-4

图4-2-5

图4-2-6

图4-2-7

在主要情节中选择3段素材，单击鼠标右键，选择"新建复合片段"，把它们创建成一个复合片段，将此复合片段分别用"复制项目"和"拍摄项目的快照"复制一份，命名为"复制版"和"快照版"（图4-2-3）。接下来对项目的第一版（母版）进行操作。双击母版的时间线，打开复合片段（图4-2-4），把复合片段中的最后一个素材删掉，在母版中可以看到这个复合片段结尾已经变成一个黑色区域（图4-2-5），说明最后一个素材被删掉了，此时打开"复制版"可以看到结尾也被删掉了（图4-2-6）。反之，在"复制版"里删除复合片段的部分素材，母版中复合片段的对应素材也会被删掉，这是因为"复制版"和母版共用了一个复合片段，所以当这个复合片段发生变更的时候，这两个项目都会受到影响。打开"快照版"，会发现"快照版"的结尾完全不受影响，还是刚刚拍摄快照时候的样子（图4-2-7）。快照的特点就是不管母版经过什么修改，进行怎样的动态链接，都不会受到影响，这就是快照和复制的项目最大的区别。

4.3 重要的时间线

在新建好项目以后，时间线就会被激活，我们会看到时间线面板中有两个浅灰色的区域和一个深灰色的区域，深灰色区域叫作磁性时间线，这条磁性时间线是Final Cut Pro软件的核心部分。

选择一个素材进行拖曳，就可以将其放到磁性时间线上，在拖曳另一个素材放入时间线上的时候，会发现它紧紧地贴在上一个素材的后面（图4-3-1）。当我们把它向后拖曳时，发现它还是会紧紧地吸附在上一个素材的后面，这也是"磁性时间线"名称的由来。但有时我们不想让两个素材吸附在一起，想让两个素材中间空出一段，以配合视频整体的节奏，这就需要先用鼠标或方向键将播放头拖曳到两个素材的中间位置，然后按快捷键option+W，以此在这两个素材之间添加一个空隙（图4-3-2）。空隙是一个浅灰色色块，只是占了一个位置，不会影响后面的素材，还可以随意调整长度。

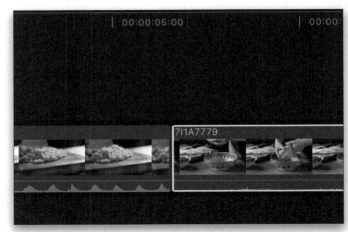

图4-3-1

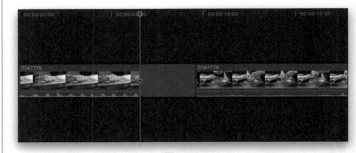

图4-3-2

主时间线（磁性时间线）上下浅灰色的区域是副时间线（图4-3-3），当我们拖曳素材到副时间线上时，会发现素材被拖曳到哪里就会被放到哪里，没有磁性时间线那样的吸附作用。

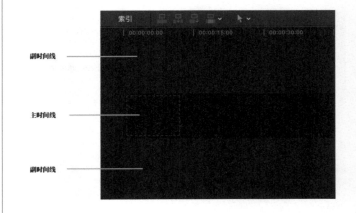

图4-3-3

图4-3-4

图4-3-5

图4-3-6

需要注意的是，副时间线就像磁性时间线的分支，它们有着主从级的关系。我们先仔细看上层的片段，它在第一帧的位置，也就是起始端，有一条细细的线，这条线连接的就是它跟随的主片段，上层或下层时间线上的片段会随这条细线吸附到磁性时间线的片段上（图4-3-4）。如果对磁性时间线上的主片段进行操作，那么吸附在这个主片段上的片段也会随着磁性时间线上的主片段一起动。如果删掉磁性时间线上的主片段，那么吸附在它上面的素材也会一起被删掉。

有时候，上层的片段与磁性时间线上的两个片段都有重叠，但我们不希望它跟随前面一个片段，要怎么办呢？如果想更改片段的吸附位置，可以按住快捷键option+command，同时单击上层片段与磁性时间线上的片段对应的位置，就可以更改吸附点。当我们把吸附点改到磁性时间线上的另一个素材时，就会发现上层片段的吸附点已经被切换到磁性时间线上的后面的片段上了（图4-3-5），此时上层片段就不再受磁性时间线上原吸附片段的影响，而是跟着后面的片段一起动了。

除了主从关系，时间线也是有层次关系的，就像Photoshop中的图层一样，上层的画面如果和下层的画面重叠，那么下层的画面就会被遮挡住（图4-3-6）。下层的画面并没有被删除，如果把上层的画面缩小，就能发现，其实下层的视频也是在播放的。但是声音不会被遮挡，播放视频时会发现，两个片段的声音都在播放。

4.4 常用工具

Final Cut Pro有非常丰富的剪辑工具，方便我们对素材进行各类处理，本节会对这些工具逐一进行讲解。

先来看一下工具的位置，单击时间线面板左上方的箭头按钮，在下拉菜单中可以快速选择和切换各种工具（图4-4-1）。

图4-4-1

（1）选择工具（快捷键：A）

我们可以使用选择工具选择时间线上的片段并任意拖曳它们，也可以调整片段的顺序，还可以对片段进行出点和入点的调整。当我们使用选择工具将鼠标指针移动到片段的入点位置时，鼠标指针会发生变化，此时就可以按住鼠标左键对片段入点进行拖曳（图4-4-2），这就是最简单的对片段入点的调整。

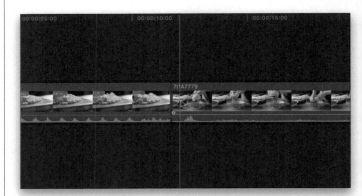

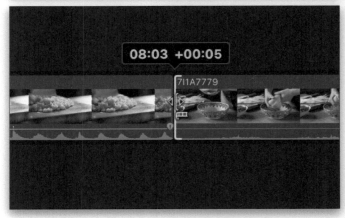

图4-4-2

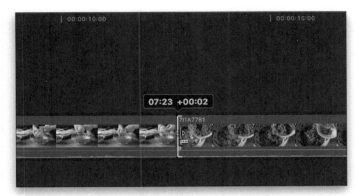

图 4-4-3

（2）修剪工具（快捷键：T）

修剪工具可以用于修改剪辑点，下面用时间线上的素材来演示修剪工具的使用方式。

第1种方式：修剪工具保留了选择工具最简单的修剪方式，就是通过拖曳来修剪出入点（图4-4-3）。

第2种方式：使用修剪工具可以同时修剪两个剪辑点，单击两个剪辑点中间的位置，前一个片段的出点和后一个片段的入点就都被选中了，拖曳这个点就可以同时调整两个片段，例如在增加前一个片段时长的同时减少后一个片段的时长（图4-4-4）。

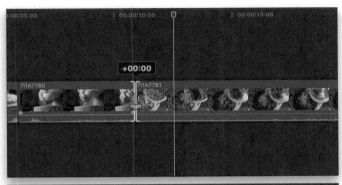

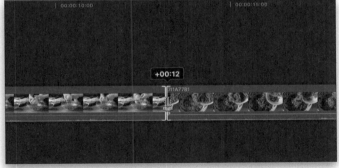

图 4-4-4

第3种方式：将鼠标指针移动到画面上，按住鼠标左键并拖曳片段，这样可以修改片段的出入点，但不修改片段的时长（图4-4-5）。

图 4-4-5

第4种方式：按住option键，再拖曳片段，就可以保证这个片段在出入点位置不变的同时在时间线上向前或者向后移动，此时相邻的片段会自动被裁切掉相应的部分（图4-4-6）。

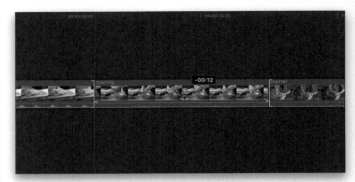

图4-4-6

（3）位置工具（快捷键：P）

前在讲解磁性时间线时介绍过，磁性时间线上的每个片段都是有吸附作用的，如果想将它们分开，只能在中间添加一个空隙。除此之外，还有一个办法就是利用位置工具。按快捷键P，再拖曳某一个片段，它就会不受磁性时间线的限制，松开鼠标，软件会自动添加一个空隙（图4-4-7）。不过这样做也有缺点，那就是当拖曳的片段覆盖了其他片段时，其他片段被覆盖的部分就会被自动删除。在使用位置工具的时候，可能会出现一些误操作，导致一些重要的片段丢失，因此要格外谨慎。

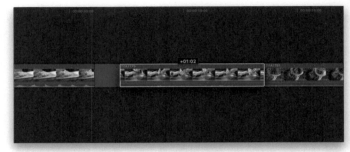

图4-4-7

（4）范围选择工具（快捷键：R）

使用范围选择工具可以对某一范围内的素材进行操作。例如图4-4-8中的这一段素材，我们只想对其中一段声音做降低音量的操作，此时按范围选择工具的快捷键R，在素材中选取一个片段，然后降低这一个片段的音量，软件会自动添加4个关键帧，并且做好关键帧的动画（图4-4-9）。关键帧一词来自动画行业中的工作流程，指角色或者物体运动变化中关键动作所处的那一帧。在本例的4个关键帧里，入点和出点各有两个：入点的第一个关键帧是音量开始逐渐降低

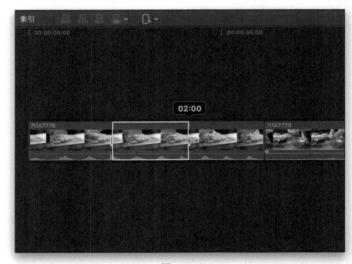

图4-4-8

图4-4-9

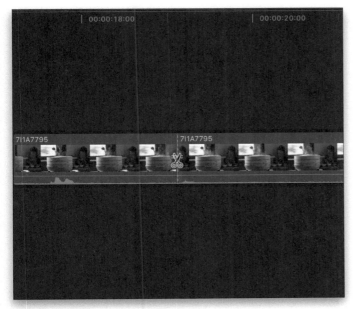

图4-4-10

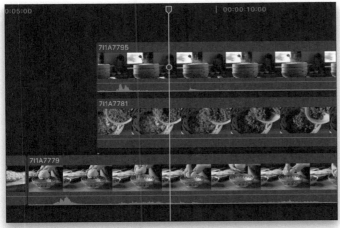

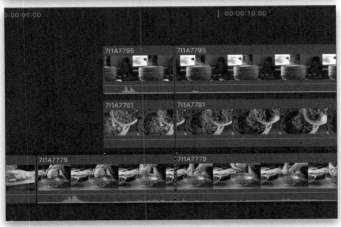

图4-4-11

的起点，到达第二个关键帧音量停止降低，保持不变；而从出点的第一个关键帧开始音量逐渐提升，到达出点的第二个关键帧恢复到原有音量，并保持不变。关键帧可以移动，入点处两个关键帧之间的距离决定音量过渡的时长，距离越大过渡时间越长。出点处的两个关键帧同理。

使用范围选择工具不只可以对声音进行操作，在项目完成的时候，如果只想对某一段内容进行预览，也可以使用范围选择工具。

（5）切割工具（快捷键：B）

使用切割工具可以把一个片段切成两个片段或者更多个片段。按快捷键B启动切割工具，然后把播放头移动到素材上想要切割的位置并单击，即可完成切割（图4-4-10）。还有一种方法是在选择工具的状态下，按快捷键command+B，同样可以在播放头位置将素材快速切割成两个片段。使用切割工具不但可以对一个片段进行切割。当时间线上有素材堆叠的情况时，移动播放头，按快捷键command+shift+B，不论时间线上有多少层素材，所有素材都会在播放头位置被裁切成两段（图4-4-11）。

（6）缩放工具（快捷键：Z）

选择缩放工具后，鼠标指针会变成一个带加号的放大镜图标，在时间线上单击后，时间线就会被放大（图4-4-12），可以按住鼠标左键一直放大时间线到不能放大为止。缩小时间线的时候需要按住option键，放大镜里的加号变成减号，再单击，就可以把整条时间线缩小。除了这个方法，我们还可以按快捷键command++来放大时间线，按快捷键command+-来缩小时间线。

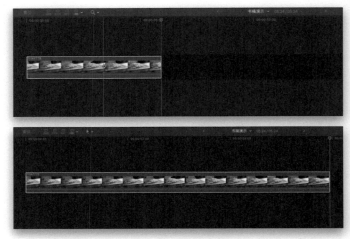

图4-4-12

（7）抓手工具（快捷键：H）

选择抓手工具后，鼠标指针就会变成一只手的形状，抓手工具可以方便我们拖曳时间线（图4-4-13）。这个工具使用得比较少，因为当我们使用苹果鼠标时，可以用一根手指在鼠标上左右滑动，或是在触控板上通过两根手指滑动来达到和抓手工具同样的效果。

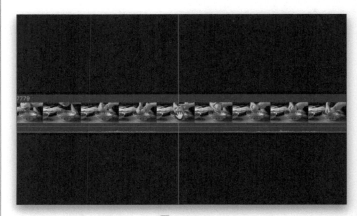

图4-4-13

4.5 时间线面板中的其他工具

在时间线面板的左上角还有4个工具按钮（图4-5-1），本节介绍这4个工具按钮的使用方法。

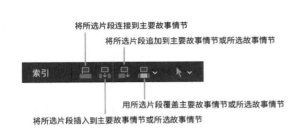

图4-5-1

图4-5-2

图4-5-3

当我们想把片段添加到时间线上层时，最简单的方式是直接拖曳，也可以使用本节讲述的第一个工具——"将所选片段连接到主要故事情节"，这个工具的作用是把所选片段作为次要片段连接到主要片段上。单击"将所选片段连接到主要故事情节"按钮或者按快捷键Q后，就可以看到所选片段被作为次要片段放在了播放头所在的位置，同时播放头被移到了片段结尾（图4-5-2），这种添加方式比直接拖曳更加准确。

第二个工具是"将所选片段插入到主要故事情节或所选故事情节"。目前时间线上有两个片段，我们先选择想要插入其中的素材，然后把播放头放在这两个片段中间，单击"将所选片段插入到主要故事情节或所选故事情节"按钮或按快捷键W，可以看到在这两个片段中间填入的正是刚刚选择的素材（图4-5-3）。

刚刚我们选择的是两个片段中间的剪辑点，如果播放头没有在两个片段中间，而是把播放头移动到一个片段中间的部分，此时再选择一个新的素材，然后按快捷键W，可以看到磁性时间线上的片段在播放头所在的位置被切割开（图4-5-4），并插入选择的素材。这样就完成了插入一个素材到主要故事情节中的操作。

第三个工具是"将所选片段追加到主要故事情节或所选故事情节"，这也是我们比较常用的工具，快捷键是 E。当使用这个工具时，不管时间线上的播放头在哪，都会把选择的片段追加到故事情节的结尾部分（图 4-5-5）。

第四个工具是"用所选片段覆盖主要故事情节或所选故事情节"。当我们把播放头放在时间线上某个片段的中间时，单击"用所选片段覆盖主要故事情节或所选故事情节"按钮或按快捷键 D，可以看到，选择的素材会覆盖到时间线的其他片段上（图 4-5-6），这个操作和使用位置工具的效果是类似的，因此一定要注意被覆盖的素材是否是需要保留的，如果有需要保留的部分，可以改为使用"将所选片段连接到主要故事情节"或"将所选片段插入到主要故事情节或所选故事情节"。

除了这 4 种工具，软件还为这 4 个工具提供了 3 种不同的模式（图 4-5-7）。单击第四个工具右侧的下拉按钮，可以看到 3 个不同的选项："全部""仅视频""仅音频"，快捷键分别是 shift+1、shift+2、shift+3。当选择"全部"时，所选片段的音频、视频将一起插入时间线。如果选择"仅视频"，这时将本身带有音频的视频插入时间线，就会只插入画面，不插入音频。同样，如果选择"仅音频"，则会只插入音频，不插入画面。

这 3 个模式不仅对其左边这 4 个工具有用，在我们改变选择时，例如选择"仅视频"时，从资源库面板直接拖曳素材到时间线上，也是只有视频的。其他选项同理。因此，如果发现时间线上刚刚拖曳来的素材只有视频而没有音频，那就需要检查这里的模式是不是设置成了"仅视频"。

图 4-5-4

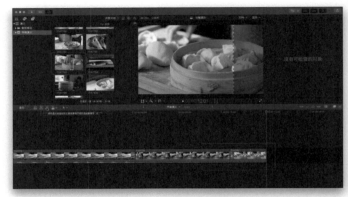

图 4-5-5

图 4-5-6

图 4-5-7

4.6 时间线上的操控技巧

前面讲述了如何向时间线插入素材、修剪素材，本节讲解时间线上的操控技巧。

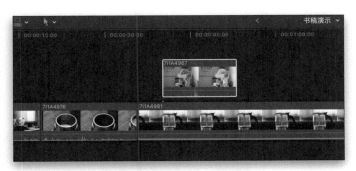

图4-6-1

图4-6-2

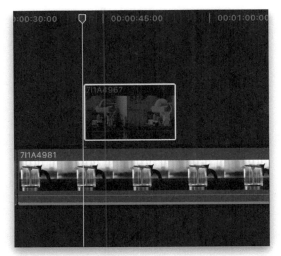

图4-6-3

（1）停用片段

在图4-6-1中，时间线的上层叠加了一个片段，此时如果我们不想看到上层的片段，但由于不确定它是否有用，因此不想删除它，只想把它隐藏起来，就会用到停用片段这个功能。在片段上单击鼠标右键，选择"停用"（图4-6-2），或者按快捷键V。当停用这个片段以后，片段就会处于暗色状态（图4-6-3）。当播放头再经过这个片段的时间区域时，这个片段的画面是不会显示的，声音也不会播放。如果想恢复这个片段的显示，只需要选中片段并单击鼠标右键，在弹出的快捷菜单中选择"启用"，或者再次按快捷键V。我们也可以同时框选多个片段，将它们停用或启用。

（2）自动吸附

当浏览条在时间线上移动时，我们需要让浏览条在靠近播放头时能够准确吸附在播放头上，或者让播放头在移动到片段出入点时自动吸附到出入点上，这时就需要用到自动吸附功能。在时间线面板右上角可以找到吸附图标（图4-6-4），默认关闭的状态下是灰色的，单击"吸附"按钮（或按快捷键N）后，这个图标会变成蓝色。打开自动吸附功能后，经过适当操作，上述浏览条和播放头移动所需要的吸附就会实现。自动吸附同样适用于片段，在拖曳片段，当拖曳的片段和前面的片段或播放头靠得足够近时，片段就会吸附到一起，并且出现一条高亮的黄色线，代表片段已经吸附到一起。

（3）更改片段在时间线上的外观

在时间线面板的右上角有一个胶卷图标按钮，单击后可以显示时间线外观控制面板（图4-6-5）。最上面带加减号的按钮用于控制片段在时间线上的缩放，它和4.4节讲解的缩放工具作用相同，使用快捷键command++和command+—也能实现同样的效果。

中间一排按钮是Final Cut Pro提供的6种不同的时间线上片段的显示方式，可以选择只显示音频频谱或者选择显示不同的视频与音频的画面比例等。例如，在做完剪辑需要对音量进行调整的时候，就可以切换到"只显示音频"模式（图4-6-6），这样能够更方便、直观地看到音频的音量变化。当时间线上堆叠了很多片段，看上去很乱时，可以让片段最小化，只显示片段的编号和长短（图4-6-7）。

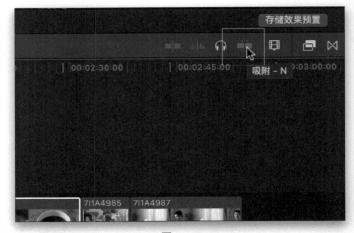

图4-6-4

图4-6-5

图4-6-6

图4-6-7

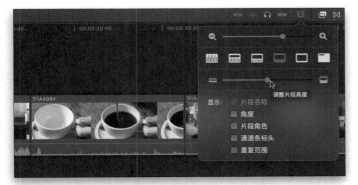

图4-6-8

图4-6-9

图4-6-10

图4-6-11

除了用鼠标切换这6种显示方式，还可以使用快捷键control+option+上/下方向键进行快速切换。

显示方式切换按钮下方是用于调整片段高度的滑块，可以通过拖曳滑块控制时间线上片段的高度（图4-6-8），方便剪辑时观察片段。但如果选择最后一种显示方式，则会只显示素材条，此时高度缩放的滑块是不可用的，只有使用前5种显示方式时才能进行片段的高度缩放。

（4）索引

索引面板在时间线的左上角，快捷键是command+F。打开索引面板，可以看到时间线上所有的素材都会在这里显示（图4-6-9），所有素材会按照顺序排列，我们也可以在这里切换片段标记及角色。

在索引面板里，我们可以在"角色"栏里取消勾选"视频"，把所有视频关闭（图4-6-10）。关闭后，时间线上的所有视频角色都会被关闭，但声音会保留。同时我们也可以取消勾选"对白"，这样和对白相关的声音和视频就都关闭了。

我们还可以在索引面板里对素材进行搜索，在"搜索"文本框中输入编号快速找到某个素材。当在"片段"栏里选择一个素材的时候，时间线上也会用高亮的框把素材标记出来（图4-6-11）。

4.7 修剪出入点

　　当我们建好一个项目，将所需要的视频素材按照脚本顺序排列在时间线上之后，需要继续修剪出入点。在拍摄时，由于演员开始表演之前和结束表演后一般会有一些多余的画面是剪辑时用不到的，因此我们需要把多余的内容都去除，只留下可用的画面。

　　每一个素材都有它的入点和出点，我们可以在资源库面板中手动调整出入点位置。但是出入点的概念不只存在于素材库中，把素材添加到时间线上后，我们需要根据剪辑需求来修剪素材的出入点。此时,除了使用选择工具进行出入点的选择（图4-7-1），还可以按快捷键option+[来裁切入点，按快捷键option+]对出点进行裁切。注意，使用这个快捷键时，需要切换至英文输入法，中文输入法是识别不了这个快捷键的。

图4-7-1

　　在剪辑时，我们可能会遇到一些比较复杂的情况，当时间线上有很多层素材时，出入点的选择会相对复杂，就像下面这个例子。

　　现在，时间线上有3层片段，能看到它们有重合的部分（图4-7-2）。此时如果按快捷键option+[来修剪入点，只会对当前选中的片段，也就是中间标黄片段的入点进行裁切。同样，按快捷键option+]也只会对当前被选中片段的出点进行修改。

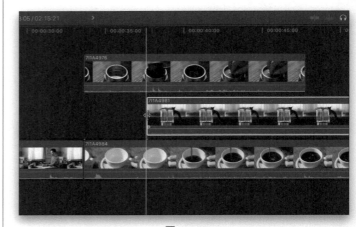

图4-7-2

　　我们回到最开始，看一下当任何片段都不选时，使用快捷键会怎么样。按快捷键option+[，此时软件会自动裁切最上层的片段（图4-7-3），对出点操作也是一样的。

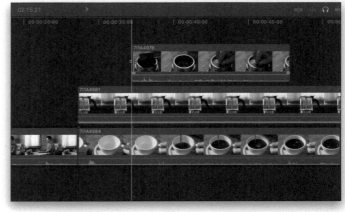

图4-7-3

除了修剪出入点，我们还可以修剪剪辑点，快捷键是shift+X。我们先选择时间线上片段的入点，再把播放头放到需要调整到的位置，这时候按快捷键shift+X就可以把入点调整到播放头所在的位置（图4-7-4）。这个快捷键不仅可以把剪辑点向内裁切，也可以在素材有余量的情况下向外延伸剪辑点。同理，选中一个出点按快捷键shift+X后，不管裁切还是延伸都是可以的。

注意区分修剪出入点和修剪剪辑点，修剪出入点是针对片段进行的调整，我们可以直接选择一个片段，按快捷键option+[或option+]控制入点和出点；而修剪剪辑点只针对片段的一个点进行调整，选择整个段落是无效的，并且修剪剪辑点不仅可以向内裁切，还可以向外延伸。

图4-7-4

4.8　复合片段与故事情节

在剪辑过程中，我们经常会用到复合片段和故事情节。

复合片段是指在时间线上选中多个片段，将它们捆绑在一起，这样我们就可以同时对多个片段进行操作。

图4-8-1

创建一个复合片段的方法为：按住command键，依次选中我们需要的多个片段，然后单击鼠标右键，选择"新建复合片段"（图4-8-1），或者按快捷键option+G。

创建时会弹出对话框要求为这个复合片段命名（图4-8-2），输入名称后单击"好"按钮，就可以看到资源库面板里多了一个新创建的复合片段（图4-8-3）。

图4-8-2

图4-8-3

仔细观察，可以发现复合片段的左上角和其他素材是不一样的，复合片段是由3个不同的片段拼凑起来的，所以它的左上角有一个复合片段特有的标记。复合片段创建完成以后，时间线上刚刚选择的3个片段就变成一个整体了（图4-8-4），中间的剪辑点也都没有了，这时我们就可以同时对这3个片段进行移动等操作。

图4-8-4

图 4-8-5

图 4-8-6

如果我们要更改这个复合片段，该如何处理呢？双击这个复合片段，会发现进入了一条新的时间线（图4-8-5），这里面的片段就是前面捆绑起来的那几个片段，所以现在其实是进入了一个复合片段。在这里，3个片段还是以个体形态来体现的，我们仍然可以对它们进行调整，对它们的出入点进行修改，或者直接删掉某一个片段。完成修改后单击"在时间线历史记录中向后"按钮（图4-8-6），就可以回到之前的时间线，我们更改的部分都会实时更新。以上就是创建和修改一个复合片段的方法。

图 4-8-7

当我们不需要这个复合片段的时候，应该如何拆分它呢？选择想要拆分的复合片段，在菜单栏中选择"片段"，再选择"将片段项分开"（图4-8-7），快捷键是shift+command+G，选中的这个复合片段就在时间线上分开了，变成多个独立的片段。但是此前的复合片段在资源库面板里还是存在的，如果确定不再需要这个复合片段，必须要在资源库面板里进行删除。

接下来讲解故事情节。故事情节和复合片段大同小异，它们都是将多个片段捆绑成一个组，但又稍有区别。

首先创建一个故事情节。选择3个片段，单击鼠标右键，选择"从故事情节中提取"（图4-8-8），快捷键是command+option+上方向键。这样选择的3个片段就会从主要故事情节中被提取出来，变成普通的次要故事情节，提取完成之后，可以看到这个故事情节中的3个片段被一个灰色的框给框起来了（图4-8-9）。选中这个框就可以对这3个片段进行整体操作（图4-8-10）。故事情节和复合片段有一些区别，由于创建的是一个次要故事情节，因此不能再放到主要故事情节上，如果把它放回去，它就会被自动解组。如果现在这3个片段在时间线上有堆叠情况，我们直接选择上层的片段，按command+G键，也可以创建一个故事情节。

如果需要拆分故事情节，只需按住鼠标左键把片段拖曳出故事情节之外，之后松开鼠标（图4-8-11），这个故事情节就会自动把这个片段剔除。也可以选中这个故事情节，单击鼠标右键，选择"从故事情节中提取"，这个片段就会被提取出来，变成次要故事情节中的独立片段。或者还可以选择片段后按快捷键option+command+下方向键，执行"覆盖至主要故事情节"操作，这样就可以把片段从已经创建好的次要故事情节中提取出来，变成主要故事情节中的独立片段。

图4-8-8

图4-8-9

图4-8-10

图4-8-11

最后来看一下故事情节和复合片段的区别。我们用多个片段创建一个复合片段，再用相同的片段创建次要的故事情节（图4-8-12），现在它们的时长和内容都是完全相同的。可以看到，次要故事情节中保留了片段的剪辑点和结构，随时可以直接对它进行调整；而复合片段就没办法进行快速调整，必须双击打开复合片段的时间线，再进行调整。因此，当我们需要给多个片段添加同样的效果时，就可以利用复合片段来完成，如果利用故事情节，就必须一个一个地单独添加效果。如果要添加过渡，使用故事情节就会更方便。例如，我们需要在第一个片段和第二个片段之间添加一个过渡，如果创建的是一个次要故事情节，只需要直接添加过渡到两个片段的交接点就可以了（图4-8-13）。如果创建的是复合片段，其中是没有剪辑点的，通过拖曳是无法把过渡添加到想要的位置上的，必须打开复合片段的时间线，再在里面添加过渡，这样操作是很繁琐的。

图4-8-12

图4-8-13

4.9　片段的变换

（1）重新链接文件

有时我们会遇到这样的情况：当盘符发生改变，或者原来的素材挪动了位置，素材就会丢失。丢失的素材会以缺少文件的图标来显示，同时事件里丢失的素材也会多一个黄色叹号（图4-9-1）。如果我们把所有丢失的文件都恢复，黄色的叹号就会自动消失。即使只有一张图片没有恢复，这个黄色的叹号都会一直存在。

图4-9-1

下面介绍如何找回丢失的素材。例如，剪辑时使用的素材是移动硬盘里的素材，因为移动硬盘脱机了，所以目前软件找不到素材。我们把剪辑中用到的素材全部重新链接到桌面上同名的文件，具体操作如下：先选中所有需要找回的素材，在"文件"菜单中选择"重新链接文件"再选择"原始媒体"（图4-9-2）。"重新链接原始文件"对话框中有两个列表框，上边的列表框中是目前资源库里丢失的素材文件，下面的列表框中是已经匹配上的素材文件（图4-9-3）。此时单击"查找全部"按钮，就会弹出一个新对话框。这个对话框的下方示例为丢失的一个素材，可以看到原来它在移动硬盘中是一个名为"第八课"的文件，那么就需要找到现在的"第八课"文件对应的位置。在移动硬盘找到"第八课"文件，单击"选取"按钮，软件会自动匹配（图4-9-4）。除了刚刚选中的这一个素材以外，如果其他所有素材都匹配上了，那么"原始文件"列表框里就应该是空的了。

图4-9-2

图4-9-3

图4-9-4

图4-9-5

匹配完成后，可以看到17个文件已经全都匹配成功了（图4-9-5），单击"重新链接文件"按钮，丢失的文件就全都重新链接回来了（图4-9-6）。

（2）复制片段

在剪辑时有时我们想要在时间线上复制一个片段，这时可以先选择要复制的片段，直接按快捷键command+C复制，将播放头移动到需要粘贴片段的位置，按快捷键command+V即可。除了使用快捷键，还可以利用拖曳的方式来快速完成复制粘贴。先按住option键，再按住鼠标左键拖曳一个片段，直接拖曳到想要的位置，然后先松开鼠标，再松开option键，这样就可以快速复制片段到想要的位置。

（3）复制片段样式

除了复制片段，剪辑时也经常需要复制片段样式。

例如，我们现在剪辑的是一条竖版视频，它跟手机屏幕的长宽比一样，是需要竖着看的，但新导入的拍摄

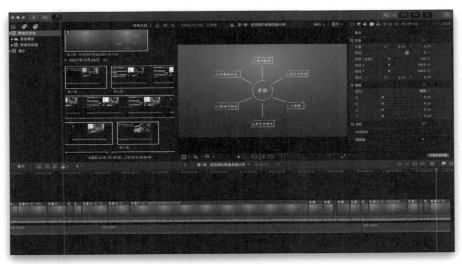

图4-9-6

素材都是横向的（图4-9-7）。我们需要把之前设置好的竖版素材信息赋给新的素材。

　　具体的操作是先按快捷键command+C复制竖版的素材（图4-9-8），然后选中需要粘贴样式的片段，按快捷键command+shift+V，弹出"粘贴属性"对话框（图4-9-9），上面有刚刚复制的片段的属性，勾选"旋转"和"缩放"，然后单击"粘贴"按钮，这样新导入的素材就有了刚刚复制的旋转属性（图4-9-10）。同样，也可以复制一个片段，然后选中很多个片段，统一粘贴这个样式。

图4-9-7

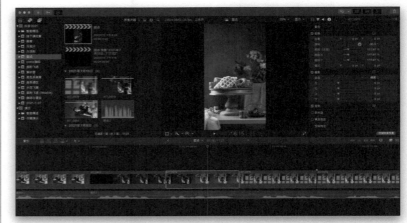

图4-9-8

图4-9-9

图4-9-10

4.10 给片段添加标记

对于复杂的剪辑工程,我们需要为它添加注释和标记,以便区分一些剪辑中的关键点。添加标记后可以更方便地进行管理和定位,也可以跟上音乐的节奏。

图4-10-1

图4-10-2

在片段上拖曳播放头到需要添加标记的位置,按M键,可以看到对应位置上出现一个蓝色标记,双击标记可以在弹出的对话框中为它命名(图4-10-1)。还有一种方法是在需要添加标记的位置直接连续按两次M键,这样会在创建标记的同时弹出命名对话框,命名后单击"完成"按钮即可。

在索引面板里,选择"标记"栏,我们可以直接找到做过标记的片段(图4-10-2)。在剪辑非常复杂的项目时,时间线上的素材会比较繁杂,但只需要单击对应的标记名称,就可以直接跳转到标记所在的位置,非常方便我们定位片段。

在不需要标记时,将鼠标指针移到标记上,单击鼠标右键,选择"删除",这个标记就会被删掉。

除了标准的标记以外，Final Cut Pro 还提供了另外两种不同的标记。当我们新建一个标记后，双击这个标记，在出现的对话框中有3种不同类型的标记：第一种是标准标记，是默认创建的；第二种是待办事项，待办事项的标记默认是红色的（图4-10-3），可以用来做一些备注，例如填写这里需要做什么改进，在完成改进以后，就可以勾选"已完成"，红色的标记就会变成绿色（图4-10-4），在索引面板的"标记"栏里也可以筛选"显示未完成的待办事项"和"显示已完成的待办事项"（图4-10-5）；第三种标记类型是章节，章节标记由两个部分组成，第一部分是一个黄色的小标签，第二部分是一个黄色圆圈（图4-10-6），我们可以直接拖曳黄色圆圈来圈定范围，当单击范围以外的地方时，章节标记圈选的范围会自动消失，只有在选中章节标记时，范围才会再显示出来。

图4-10-3

图4-10-4

图4-10-5

图4-10-6

4.11　替换时间线上已有的素材

　　我们在剪辑时会遇到这样的情况，对时间线上某个素材的内容不是很满意，需要用新的素材来替换。一般的做法是把新的素材拖曳到时间线上，再把之前的素材删除，这是最简单、最基础的替换方式。但是这样的方式不够高效，Final Cut Pro在替换素材方面提供了多种快捷的方式。

图4-11-1

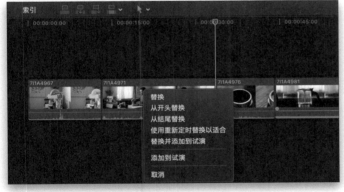

图4-11-2

　　拖曳新的素材放到目标素材上，注意是放到素材上而不是放到剪辑点上，这段素材会变成浅白色（图4-11-1）。这时松开鼠标，会弹出替换素材的菜单（图4-11-2），下面逐一介绍每个选项。

（1）替换

　　当选择"替换"时，软件会直接用新的素材替换掉原素材，同时根据新素材的时长来调整其他素材。例如，我们用编号为7I1A4987的素材替换编号为7I1A4971的素材。原素材时长只有5秒（图4-11-3），用来替换的素材时长为10秒，当我们进行替换的时候，软件会自动把10秒的素材补进来（图4-11-4），并且把两边的素材向外延伸。

图4-11-3

（2）从开头替换

选择"从开头替换"时，素材时长会和时间线上的素材匹配。也就是说，虽然选中了10秒的素材，但使用"从开头替换"时，软件只会从新素材的入点开始向后计算，替换进来5秒时长的素材，而后面的5秒就默认不会被填充进来（图4-11-5）。

（3）从结尾替换

选择"从结尾替换"时，同样用10秒的素材来替换5秒的素材，软件会从新素材的出点向前选取5秒的素材，用来替换时间线上的素材

（图4-11-6）。

（4）使用重新定时替换以适合

"使用重新定时替换以适合"是指对拿来替换的素材进行时长的重新定义。当我们用10秒的素材替换5秒的素材时，如果选择"使用重新定时替换以适合"，Final Cut Pro会把10秒素材以快进两倍的形式变成一段5秒素材来替换原有素材（图4-11-7）。相反，如果用5秒的素材替换10秒的素材，软件会把这5秒的素材放慢，以50%的播放速度来填充10秒的时间。

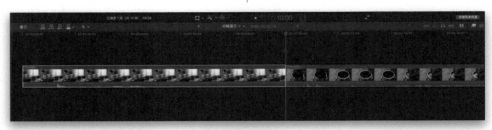

图4-11-4

图4-11-5

图4-11-6

图4-11-7

图4-11-8

图4-11-9

（5）添加到试演

选择"添加到试演"时，可以看到素材名称的左上角多了一个探照灯图标，单击探照灯图标，会有两个片段可供选择，这就是试演功能（图4-11-8）。这个功能一般的用途是：当有两个素材都是我们比较满意的，但是不确定最后要用哪个时，可以先把它添加到试演做一个对比，再决定最后用哪个。在添加试演的时候，不光可以添加两个素材，还可以继续添加更多。同样的一个片段内，可以放不同类型的素材进行试演，在试演对话框中选择最终需要的素材，单击"完成"按钮，这个素材就会直接被提取出来，时间线上之前试演的其他素材就会被删除。

（6）替换并添加到试演

选择"替换并添加到试演"时，Final Cut Pro会把当前选中的素材作为主要方案，被替换的素材变成备选方案并添加到试演对话框（图4-11-9）。

声音的加入及处理

- 时间线上的音频
- 音频的修饰与处理

5.1 时间线上的音频

在粗剪完画面后，我们需要对声音进行处理。处理声音时先要知道什么样的音量是标准的。

在剪辑时，剪辑师不能以听到的音量为标准，而是需要以"音频指示器"为参考标准。音频指示器在检视器面板下方的时长数字旁边（图5-1-1），在播放声音的时候，音频指示器会跟着实时音量跳动。单击音频指示器，时间线右侧会出现一个放大的指示器（图5-1-2），并且标明了刻度，这个刻度用于显示音量大小，方便我们控制音量。有时候我们听到的声音很小，可能只是计算机扬声器的声音不够大而已。那么，我们应该如何应用音频指示器呢？音频指示器的刻度（图5-1-3）最高是6，接下来是−6、−12、−20至无限小。一般情况下，要注意将最高音量尽量保持在0以下，不要让它进入红色区域，同时要确保最高音量和最低音量相差不超过12。因为一般多媒体音响的宽容度只能达到12这个级别，如果最低音量已经到了−20、−30，那么最高音量到0的时候，有些声音可能就听不到了。

影院的声音设备宽容度可以达到36，一些更专业的音响的宽容度会更高，但一般的多媒体设备和音响的宽容度是达不到那么高的，因此我们需要控制音量在音频指示器的0到−12区域。

此外，当有很多条音轨的时候，声音听起来会比较乱。这时候，如果只想听其中一条，可以单击"独奏所选项"按钮（图5-1-4），快捷键是option+S。独奏时，除了选中的片段，其他的片段都会变成灰色。这时就只能听到这个片段的声音，其他的片

图5-1-1

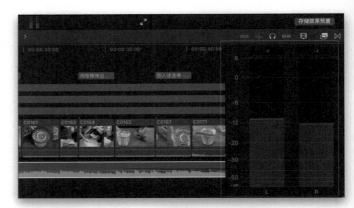

图5-1-2

图5-1-3

图 5-1-4

图 5-1-5

段都处于静音状态，但画面是正常播放的。

当单击时间线面板上的"打开或关闭音频浏览"按钮时（图 5-1-5），可以打开或关闭音频浏览，快捷键是 shift+S。开启这个功能后，我们在时间线的画面上滑动鼠标会发现，不仅能在检视器面板看到画面，而且还能听到实时声音。如果滑动得快，声音会随之加速；如果滑动得慢，声音也会随之慢下来。如果不再需要声音了，就可以再次按快捷键 shift+S，这时就只会浏览视频，不会浏览声音。

5.2 音频的修饰与处理

（1）音量的处理

我们观察时间线上的片段，会发现它由上下两部分组成，上面由多个连续画面组成，下面以波形的形式展现声音。在声音波形的中间有一条横线，上下拖曳这条横线可以快速改变片段的音量大小（图 5-2-1）。片段最初的音量是 0dB，也就是默认状态，最高可以向上增加 12dB，最低可以达到静音。

如果我们不想对整个片段进行音量调整，要让音量只在后半段慢慢地降低，最后静音，或者让音量慢慢升高，就需要学习关键帧的使用。按住 option 键，然后将鼠标指针移至音频上的横线，就会发现鼠标指针多了一个加号（图 5-2-2），这时我们再单击就可以创建一个关键帧，关键帧的符号是一个小菱形块。

图 5-2-1

用同样的方法，我们在稍靠后的位置再添加一个关键帧（图5-2-3）。现在，我们要让这两个关键帧之间的音量逐渐变小，因此需要对后一个关键帧进行操作。向下拖曳后一个关键帧的菱形块（图5-2-4），两个关键帧之间就会自动形成一条斜线。当我们再播放片段时，音量在这一个区域内会慢慢降低。我们也可以拖曳第二个关键帧后面的横线直接调整音量减小的幅度。如果要删除关键帧，则选中关键帧并单击鼠标右键，选择"删除"就可以了。

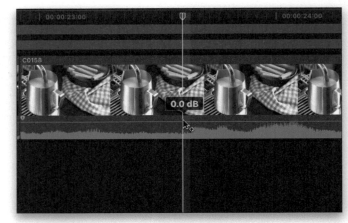

图5-2-2

（2）声音的淡入淡出

在时间线上，片段音频的开头和结尾处都有一个小标识，将鼠标指针移至此处时就会变成一左一右的两个箭头。如果我们在片段的结尾向左拖曳它，就可以看到这一条横线变成了一条曲线，这样就形成了一个音量淡出的效果。同样，如果我们向右拖曳片段开头的小标识，就可以做出声音从无到有的淡入效果。

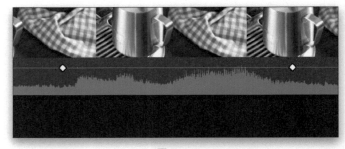

图5-2-3

（3）选定范围内的音量调整

我们也可以使用范围选择工具，在音频上框选一个范围，让范围内的音量整体减小或者增大（图5-2-5），这样可以只对一个区域进行音量的增减，同时也可以通过拖曳关键帧对音量的过渡进行调整。

图5-2-4

（4）音频分析和匹配

调整音量时我们会发现一个问题，即音量最高只能增加12dB，如果音量依然太小还要再增大应该怎么办呢？对于标准音频，一般12dB的增幅都够用。但如果音频有问题，例如在前期录制时音量太小，那么这时就不能单纯地增大音量了，而是需要对音频进行平衡和修饰。

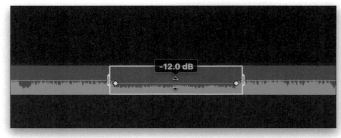

图5-2-5

图 5-2-6

图 5-2-7

图 5-2-8

我们需要先分析音频中包含的问题,并且解决这些问题。在检查器面板左上角单击喇叭按钮,下方会出现"音频分析"选项,所有音频在导入时间线后的状态都是"未分析"(图 5-2-6)。单击魔术棒按钮,软件会在后台对音频进行分析,分析完成后,单击"显示"按钮会显示所有的分析结果(图 5-2-7)。可以看到,已经分析出响度不足的问题,并且提升了 40% 的响度;同时分析出音频有噪声,因此增加了 50% 的降噪。除此之外,可以看到在"均衡"下拉菜单中默认选择"平缓",但软件也提供了很多不同的选项(图 5-2-8),如针对人声增强,针对音乐增强,或者针对低音、高音的增强和减弱,我们可以根据音频的实际情况进行选择。

"均衡"下拉菜单的最下方是"匹配"选项,这个选项是指我们当前选中了一个片段,然后选中另一个片段,让第一个选中的片段去匹配第二个片段的声音(图 5-2-9)。也可以在选中一个片段后,在检视器面板中找到"选取颜色校正和音频增强选项"下拉菜单,选择"匹配音频"(图 5-2-10),快捷键是 shift+command+M,然后软件会提示我们选择一个片段,随后再单击"应用匹配"按钮,就会自动匹配所选片段的音频。

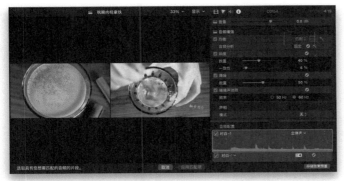

图 5-2-9

图 5-2-10

全片精剪

- 剪辑节奏的调整与控制
- 速度的基本设置
- 速度的进阶控制
- 画面的调整
- 遮罩的应用
- 关键帧的应用
- 跟踪器的应用
- 音效的加入和处理

6.1　剪辑节奏的调整与控制

在精剪阶段，我们对片段的处理主要基于两个方面的因素。一是全片整体节奏的定位，例如轻快、抒情或深沉，这一点在拍摄前期就已经确定，因此在这个阶段我们要对每个片段的时长和速度进行调整。如果是轻快的，那就需要适当增加片段切换的频率，同时适当加快片段的速度，可全部片段加速也可以对部分片段加速，目的是让片段的速度和镜头变化符合全片的节奏定位。二是音乐的因素，短视频的配乐一般有两种获取方式：一是根据全片的创意进行音乐编写，这种情况下剪辑师可以先对画面进行处理，让画面的节奏达到想要的效果之后再进行音乐的编写，让音乐更加贴合画面，使用这种方式对画面的剪辑自由度更高，剪辑师可以尽情发挥自己的创意而不需要考虑音乐对剪辑的限制；二是选取现有的音乐素材作为配乐，这种情况下剪辑师对音乐的修改和处理是比较有限的，因此在精剪画面时要考虑音乐的节奏和变化，避免音乐和画面脱节。

6.2　速度的基本设置

在剪辑过程中，有时候我们需要把某一片段加速或者减速播放，这就需要用到速度编辑器。

选择要调整的片段，在检视器面板中单击速度控制下拉按钮，然后选择"显示重新定时编辑器"，也就是速度编辑器（图6-2-1），快捷键是command+R。

图6-2-1

打开后可以看到，选中的片段上方会出现一个绿色条，显示"常速100%"（图6-2-2），就是说当前片段是以原始速度来播放的。接下来我们设置一个加速，最简单的办法是将鼠标指针移到片段出点位置的速度控制条上，直接拖曳它。向左拖曳加速片段，当片段的速度百分比大于100%

图6-2-2

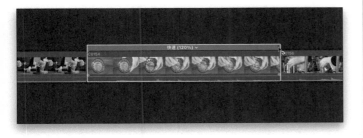

图6-2-3

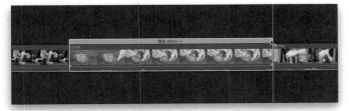

图6-2-4

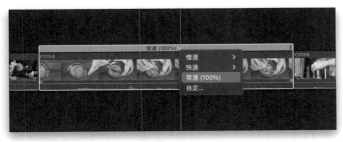

图6-2-5

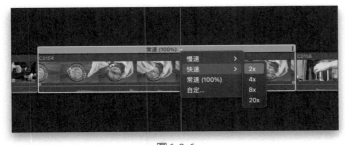

图6-2-6

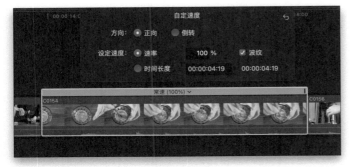

图6-2-7

时，可以看到速度控制条会变成蓝色（图6-2-3）；向右拖曳减速片段，当片段速度百分比小于100%时，速度控制条就会变成橙色（图6-2-4）；单击速度百分比右侧的下拉按钮，选择"常速（100%）"，可以将速度准确还原到常速（图6-2-5）。直接拖曳速度控制条来设置速度的好处是我们可以准确控制片段时长，让时长符合剪辑要求。

除了用拖曳速度控制条的方式改变片段的播放速度，我们还可以直接设置播放速度。单击速度百分比右侧的下拉按钮，在"快速"中选择"2x"，就是以200%的速度播放片段（图6-2-6）；也可以在"慢速"中选择"50%"，即以常速的50%播放片段。Final Cut Pro提供了常用的播放速度供我们快速选择。当我们需要用到其他的播放速度时，就需要选择"自定"，在弹出的自定速度面板（图6-2-7）中设置所需的速率，或者通过设置"时间长度"确定片段的播放时间。自定速度面板最上面的"方向"可以选择"正向"或"倒转"，当选择"倒转"时，整个片段会以倒放的形式播放。

大多数情况下，视频一秒会播放25帧。如果拍摄时的帧速率是25帧/秒，将片段以50%的速度慢放时，如果不对帧数进行补充，就会变成每秒播放12.5帧，画面就会卡顿严重。这时，我们就需要知道如何设置才能让片段的速度变慢同时不会发生卡顿。在检视器面板中单击速度控制下拉按钮，选择"视频质量"，会出现3个子选项，分别是"正常""帧融合""光流"（图6-2-8）。

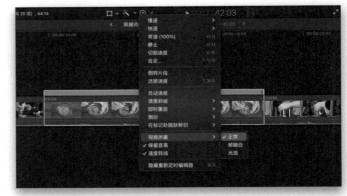

图6-2-8

选择"正常"时，软件会把一秒25帧的画面拉开。例如以50%的速度播放，如果拍摄时每秒有25帧画面，那么现在每秒只剩下了12.5帧，对于中间缺失的帧，软件会使用重复的画面补上，片段播放时依然会卡顿严重。

选择"帧融合"时，软件会通过融合相邻的两个画面叠化出一张中间的画面，然后补充进去。以上两个选择的效果都不是特别理想，因为选择"正常"时完全没有补充新的画面；而选择"帧融合"时只是做了一个简单叠化。

"光流"选项是用Final Cut Pro做慢速效果时非常好用的选项。它通过分析和计算两个相邻画面之间的差别生成一个新画面，填在这两个画面之间。选择"光流"以后，可以看到画面下方显示"正在分析光流"。此时查看后台任务，软件会先对光流进行分析（图6-2-9），分析完成后，根据对整个片段分析的结果进行计算和渲染，从而得到非常流畅的慢速画面。

图6-2-9

6.3 速度的进阶控制

前一节讲解了如何使用速度控制条，以及自定义速度。接下来讲解对速度的进阶控制。

图6-3-1

图6-3-2

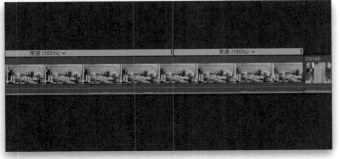

图6-3-3

（1）切割速度

先看一下时间线上的片段（图6-3-1）。这个片段是一个平移镜头，在拍摄中为了尽量保持平稳，摄影师选择用很慢的速度对摄像机进行平移，如果在剪辑时以正常速度播放，会显得非常慢而且拖沓。因此我们可以让这个片段的前半部分加速播放，让后半部分以正常速度播放，此时就需要用到切割速度工具。先将播放头移到片段上需要分割的位置，然后单击速度控制下拉按钮，选择"切割速度"（图6-3-2），快捷键是shift+B，可以看到片段的速度是没有变化的（图6-3-3）。

从片段上方的速度控制条可以看到它的速度在切割点被分割成了两部分。此时我们把前面部分的速度增大到400%，会发现在前后两个不同速度的片段之间会默认添加一个过渡转场，让速度过渡更自然（图6-3-4）。这样，片段就会实现先快放然后逐渐回到正常速度的过程，看起来更流畅、更有冲击力。

如果切割速度的位置不理想，应该如何调整呢？

拖曳分割点，我们会发现只能调整前面一段素材的速度，并不能调整速度切割点的位置。此时需要编辑它的源帧，把鼠标指针移到切割点上并双击，会弹出"速度转场"面板（图6-3-5），取消勾选"速度转场"，速度之间的过渡就会被取消。单击"源帧"后的"编辑"按钮，速度切割点上就会出现一个胶片形状的图标，拖曳该图标（图6-3-6）就可以更改切割点的位置。我们可以一边拖曳一边观察画面变化，确定新的切割点位置后双击，就完成了编辑。

（2）速度斜坡

选择片段，然后单击速度控制下拉按钮，选择"速度斜坡"，可以看到有"到0%"和"从0%"两个子选项（图6-3-7）。如果选择"到0%"，片段播放时就会从正常速度逐渐变成0，最后呈现静止画面。这个选项经常用来制作慢放镜头，实现从常速播放逐渐慢下来的效果。注意，如果使用"速度斜坡"这个功能，拍摄素材时的帧速率要足够高，不然速度逐渐减慢后会发生卡顿。例如，当前片段的帧速率是25帧/秒，那就不能让播放速度最终降到0%，不然画面会越来越卡，无法正常播放。

图6-3-4

图6-3-5

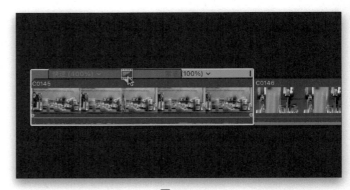

图6-3-6

图6-3-7

图6-3-8

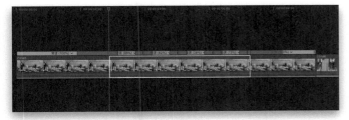

图6-3-9

图6-3-10

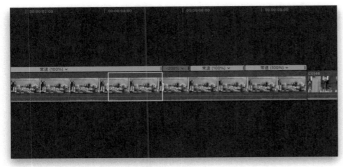

图6-3-11

如果我们只想让片段中间的部分慢下来，应该怎么办呢？我们可以使用范围选择工具，先选出一段区域，然后再选择"速度斜坡"，选择"到0%"（图6-3-8），这样就只对选择的范围进行从100%到0%的降速操作，其他区域都保持原有速度（图6-3-9）。

反之，如果选择"从0%"，就是播放速度最开始最慢，然后逐渐恢复成正常100%的速度来播放。

（3）即时重放

"即时重放"选项中有4种不同百分比的片段播放速度。我们还是选取片段中间范围，单击速度控制下拉按钮选择"即时重放"，并选择"50%"的速度。播放时可以看到，片段的前面部分是没有变化的，但当选中的这个区域的片段播放结束时，软件会把这部分以50%的速度再重新播放一遍，并且画面中会加上"即时重放"的字幕（图6-3-10）。这种效果类似于体育比赛中经常会用到的精彩瞬间回放，如足球比赛进球后，就会回放许多不同角度的慢镜头。回放完成后，软件会自动切换回片段的后续部分继续播放。

（4）倒回

"倒回"和"即时重放"相似，但又不太一样。我们选取片段中间的某一范围，单击速度控制下拉按钮选择"倒回"，并选择"2倍"（图6-3-11），软件先将圈出的区域正常播放，当这段区域的片段播放完成时，会将这一段区域的视频以两倍速度进行倒放，回到片段开始位置。然后重新以正常速度从开始位置将这个片段再播放一遍。"倒回"选项里的1倍、2倍、4倍是指倒回的速度不同，但倒回效果都是一样的。

（5）在标记处跳跃剪切

如果我们想压缩片段的时长，但又不想快速播放片段，可以借助"在标记处跳跃剪切"来跳过特定数量的帧。这个功能不是针对某个区域进行操作，而是对点进行控制。剪辑影视剧中的武打片段时常用到这个功能，例如人物出拳时，为了让出拳的一瞬间看起来更快更有力量，需要把出拳的动作抽掉一些帧（视频里最小的单位），让出拳效果看起来更震撼，这个过程也叫作"抽帧"。

具体操作时，先要做标记，因为它是在标记处编辑跳跃剪切。我们在需要抽帧的位置按M键添加标记，然后选择整个片段，单击速度控制下拉按钮，选择"在标记处跳跃剪切"（图6-3-12），选择"3帧"，软件就会在每一个标记处抽掉3帧的画面（图6-3-13）。如果需要抽掉更多帧，则可以选择更多的帧数。

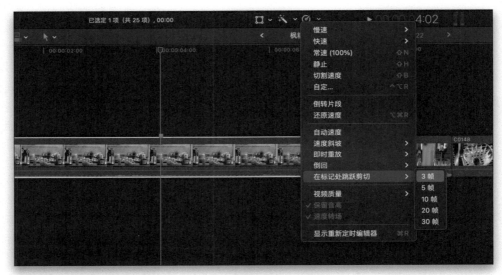

图6-3-12

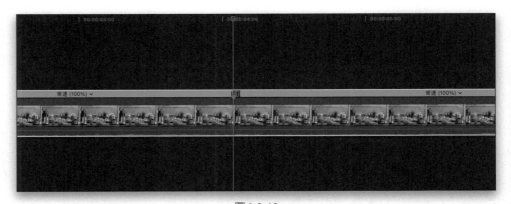

图6-3-13

6.4 画面的调整

图6-4-1

图6-4-2

图6-4-3

（1）画面的缩放

对画面的缩放一般有两种方式。第一种方式是单击视频播放窗口左下角的"变换"按钮（图6-4-1），画面的边缘将出现边框和8个蓝色的圆点（图6-4-2）。此时单击窗口右上角比例按钮，适当缩小显示比例（图6-4-3），就可以通过拖曳蓝色圆点对画面进行缩放了。需要注意的是，拖曳边框四角的圆点是对画面进行等比例缩放，拖曳边框中间的圆点是对画面进行横竖方向的缩放，后者很可能会导致画面变形。第二种方式是在时间线上选择片段后，在检查器面板（图6-4-4）中设置关于缩放的3个选项。"缩放（全部）"是整体缩放，拖曳滑块可以对画面进行等比例放大或缩小；"缩放X"和"缩放Y"是横向及纵向缩放，拖曳滑块可以对画面进行横向或竖向的拉伸，这两个选项要谨慎使用，避免画面变形。

（2）画面的旋转

和画面的缩放一样，画面的旋转也有两种方式。第一种方式是在时间线上选择片段，单击检视器面板下方的"变换"按钮，画面中央将出现一条短横线和一个蓝色圆点（图6-4-5），此时拖曳蓝色圆点就可以对画面进行旋转处理了。第二种方式是在时间线上选择片段后，在检查器面板的"旋转"选项里可以看到两种调节方式（图6-4-6）：一是通过带黑色圆点的圆形图案旋转画面，拖曳黑色圆点就可以对画面进行旋转；二是通过调整"旋转"右侧的度数旋转画面，输入画面需要旋转的角度，按回车键可直接旋转画面。

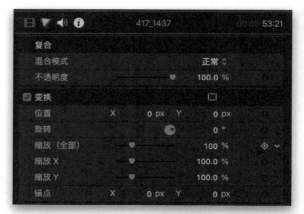

图6-4-4

图6-4-5

图6-4-6

图6-4-7

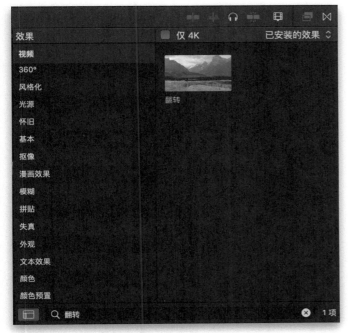

图6-4-8

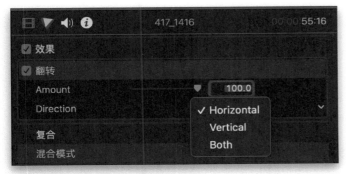

图6-4-9

（3）画面的翻转

在一些情况下，我们需要对画面进行左右或上下翻转，从而使画面符合剪辑需求。在 Final Cut Pro 中，画面的翻转非常简单，在时间线面板的右上角单击效果浏览器按钮（图6-4-7），然后在最下面的搜索栏中输入"翻转"就可以搜索到翻转效果（图6-4-8），再双击"翻转"效果图标或者把"翻转"效果图标拖曳到时间线上需要翻转的片段上，就可以实现画面翻转。此时我们在检查器面板中可以看到翻转效果的相关选项（图6-4-9）。"Amount"用于调整翻转程度，拖曳滑块可以在0到100之间进行控制。"Direction"用于调整翻转方式，其中"Horizontal"是左右翻转，"Vertical"是上下翻转，"Both"是上下和左右同时翻转，我们可以通过这些选项对翻转方式进行控制。当我们要取消翻转效果时，只需要在检查器面板中选中"翻转"效果图标，按delete键就可以删除该效果了。

（4）画面的裁剪和变形

① 缩放带来的画中画

生活中我们经常能看到画中画效果。画中画的原理是在主要时间线上面再叠加一层画面，然后对上层画面做裁剪、缩放、调整位置的操作，因为有层级关系，所以上层画面会盖住下层画面的对应区域，就会出现画中画的效果（图6-4-10）。

图6-4-10

② 画面的裁剪

前面已经讲过画面的缩放，现在我们来对画面进行裁剪。选中需要裁剪的片段，在检视器面板左下角单击"变换"下拉按钮，选择"裁剪"，画面四周会出现控制点，拖曳这几个控制点，只保留画面某一部分，其余的部分就被裁掉了（图6-4-11）。裁剪后单击"完成"按钮，就可以保存对片段的修改。

图6-4-11

③ 画面的变形

在检视器面板左下角单击"变换"下拉按钮，选择"变形"，画面四周将出现8个控制点，它们是可以随意拖曳的，并且不受比例约束。我们可以拖曳控制点将画面变成任意形状（图6-4-12），如梯形或者三角形。变形工具相对不太常用，它主要用于对画面进行透视的纠正。

图6-4-12

6.5 遮罩的应用

当时间线上有多层素材时，为了能更好地层叠使用素材，通常会用到遮罩功能。遮罩可以帮助我们仅显示画面的部分区域，从而让不同素材的画面之间更好地融合，以配合我们的剪辑创意。

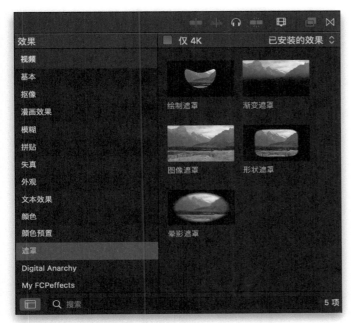

图 6-5-1

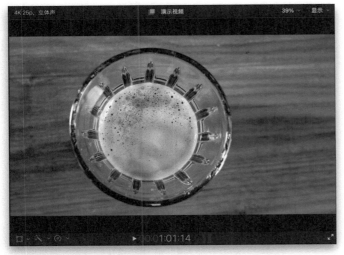

图 6-5-2

在效果浏览器中选择"遮罩"，可以看到 Final Cut Pro 提供的各种遮罩效果（图 6-5-1），一般我们会将遮罩分为简单形状遮罩和复杂遮罩。要使用遮罩，先选择要应用遮罩的片段，再双击对应的遮罩效果或把对应的遮罩效果拖曳到片段上即可。

（1）简单形状遮罩

通过"形状遮罩"，我们可以创建椭圆、矩形等任何简单形状遮罩。例如，如果我们要把画面中的杯子（图 6-5-2）单独选取出来，可以给片段添加一个形状遮罩（图 6-5-3）。

之后可以在检查器面板中调整参数并拖曳控制点来控制遮罩的形状，拖曳遮罩中心点可以移动遮罩位置，拖曳中心点右侧的圆点可以旋转遮罩（图6-5-4），拖曳绿色控制点并调整曲率可以让遮罩从矩形变成圆形，拖曳"半径"滑块可以控制圆形的大小，使遮罩的形状与目标一致（图6-5-5），拖曳"填充不透明度"滑块可以改变遮罩内图像的不透明度，勾选"反转遮罩"则会选取画面中遮罩以外的区域（图6-5-6）。

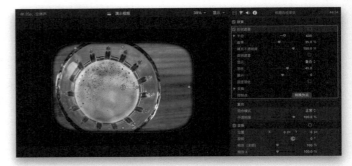

图6-5-3

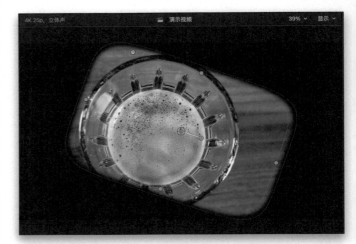

图6-5-4

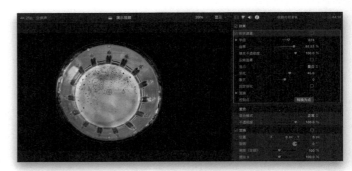

图6-5-5

图6-5-6

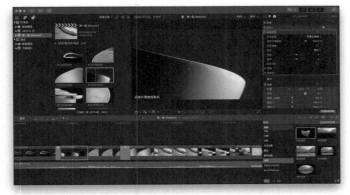

图6-5-7

图6-5-8

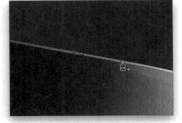

图6-5-9

（2）绘制复杂遮罩

选择"绘制遮罩"，可以使用控制点和样条曲线绘制的方法调整遮罩的形状和其边缘的曲率，从而绘制符合创意的遮罩。例如，选取片段后在效果浏览器中选择"绘制遮罩"（图6-5-7），在画面中单击即可添加控制点（图6-5-8），持续添加更多控制点，控制点之间通过红线连接（图6-5-9），单击添加控制点的同时拖曳新增的控制点，会出现贝塞尔曲线点，拖曳贝塞尔曲线点，可以将线条调整为我们想要的曲线（图6-5-10），当最后一个控制点和第一个控制点相连后，整个遮罩会形成完整选区（图6-5-11）。建立选区后可以对选区的不透明度进行调整，或者反转遮罩选择选区以外的范围。

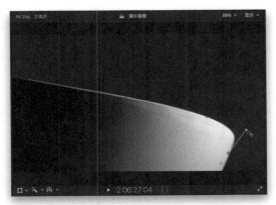

图6-5-10

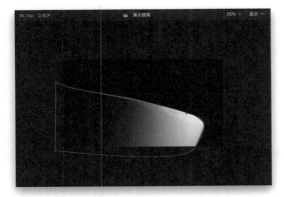

图6-5-11

6.6 关键帧的应用

使用关键帧可以让视频素材随着时间发生简单变化，灵活应用关键帧可以得到很多有创意的效果，例如让画面从可见渐渐变成不可见，或者让画面在播放过程中逐渐放大。

关键帧有两种添加方式。一是在时间线中选择对应片段，单击鼠标右键，在弹出的快捷菜单中选择"显示视频动画"，或按快捷键control+V（图6-6-1），在视频动画编辑器里单击最上层的"变换"一栏，这一栏会出现一条虚线，按住option键，在虚线上要添加关键帧的点上单击，就可以在该位置添加关键帧（图6-6-2）。二是把时间线的播放头放在要添加关键帧的点处，然后在检查器面板中单击关键帧按钮，即可添加关键帧（图6-6-3）。之后将播放头移动到希望效果结束的位置，然后对画面进行缩放或其他效果的调整（图6-6-4）。此时Final Cut Pro会自动添加第二个关键帧，两个关键帧之间的画面在播放中会进行平滑过渡，画面会呈现平滑放大的效果（图6-6-5）。根据剪辑需要，还可以在后面再次添加关键帧，让画面继续发生变化。

关键帧的应用范围非常广，除了调整画面不透明度和缩放画面以外，还可以随着时间变化对片段效果、运动路径等多个参数进行精确控制，剪辑师可以在剪辑时灵活使用关键帧。

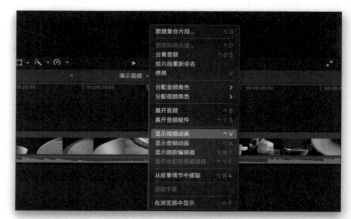

图6-6-1

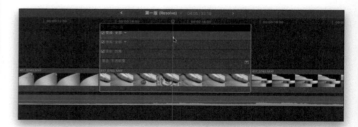

图6-6-2

图6-6-3

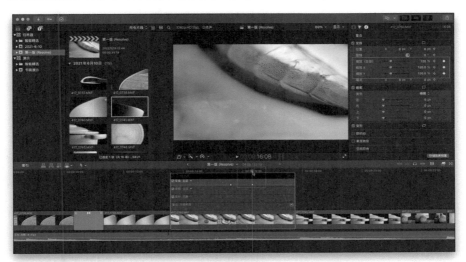

图6-6-4

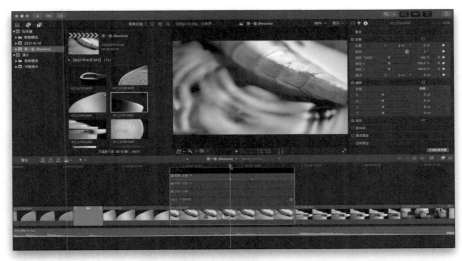

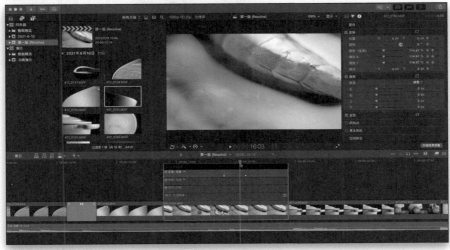

图6-6-5

6.7 跟踪器的应用

Final Cut Pro内置了非常强大的跟踪对象功能，可以方便地分析画面中对象的运动路径，同时将路径信息应用到视频效果、字幕等其他项目中，从而实现对这些项目的移动跟踪。本节演示一下跟踪器的应用。

将播放头放在时间线上的某处后，找到需要使用的效果或者项目（字幕、视频片段等），把效果或项目拖曳到检视器面板的播放窗口中，鼠标指针经过时画面中的对象会显示矩形网格（图6-7-1），人物面孔上会显示椭圆形网格（图6-7-2），说明这些对象的运动是可以跟踪的。当矩形网格或椭圆形网格出现时松开鼠标，跟踪对象上会显示跟踪器，效果会应用到画面的相同区域，此时拖曳网格的边缘或边角可以调整跟踪器的覆盖范围，使跟踪器更加贴合跟踪对象，之后单击"分析"按钮，软件会自动分析追踪目标的运动轨迹并且形成关键帧，从而实现对象跟踪。

如果想要取消对画面中对象的跟踪，可以在时间线上单击添加跟踪的字幕，单击检视器面板左下角的"变换"按钮，然后单击检视器面板上方的"跟踪器"右侧的下拉按钮，在"跟踪器"选项中选择"无"（图6-7-3），字幕就会与跟踪目标断开链接。

图6-7-1

图6-7-2

图6-7-3

图6-7-4

除了上述方法，我们还可以手动添加运动跟踪器。选择时间线上的片段后，打开检查器面板，找到跟踪器部分并单击新建跟踪器按钮（图6-7-4），新的跟踪器会出现在画面中，我们选择喷枪作为跟踪对象，拖曳跟踪器到喷枪上，调整跟踪器形状至贴合喷枪（图6-7-5），单击"分析"按钮，Final Cut Pro会自动分析片段中对象的运动轨迹并生成关键帧，在后续的剪辑中可以把效果、字幕或图像与跟踪器链接。这里我们将字幕与喷枪的动作链接，把字幕拖入时间线后，单击检视器面板左下角的"变换"按钮（图6-7-6），在跟踪器的下拉菜单中选择对应的跟踪器就可以完成链接（图6-7-7），这样字幕就会跟随喷枪一起运动了。

图6-7-5

图6-7-6

图6-7-7

6.8 音效的加入和处理

图6-8-1

图6-8-2

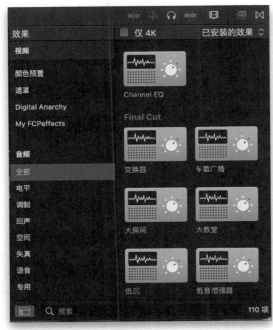

图6-8-3

（1）音效的添加方式

在Final Cut Pro中，我们可以很方便地添加声音效果和音乐。Final Cut Pro提供了很多内置拟音和声音效果，我们可以在剪辑时随时调用，使用方法是：先单击Final Cut Pro左上角的"照片和音频"按钮，选择"声音效果"，可以看到Final Cut Pro内置的声音效果（图6-8-1），这些音效是按照类型进行排序的，选择列表中的音效，单击播放按钮就可以试听（图6-8-2），要使用某个音效，直接将该音效拖曳到时间线上即可。除了Final Cut Pro内置的声音效果，我们还可以自己添加外部音乐和音效到时间线上，方法和导入视频素材是一样的，可以在导入媒体界面选择音乐进行导入，也可以直接将音乐和音效拖入时间线。

（2）音效的处理

Final Cut Pro自带了很多音频效果，可以对音色及音调进行处理，常见的包括噪声降低、音高校正、EQ等。单击Final Cut Pro时间线面板右上角的效果浏览器按钮，在效果浏览器里选择"音频"就可以看到音频效果列表（图6-8-3）。把鼠标指针移动到音频效果图标上就可以在当前时间线选中的音频上试听音频效果。双击音频效果图标或者把音频效果图标拖到音频片段上就可以应用该音频效果，应用的音频效果会显示在音频检查器的效果部分，在音频检查器里可以对音频效果进行调整。

调色

- 基础的自动调色
- 调整工作区及认识颜色检查器
- 认识及使用LUT
- 波形图与曝光控制
- 矢量显示器与饱和度控制
- 色轮的使用
- 颜色曲线
- 色相/饱和度曲线

7.1 基础的自动调色

调色是短视频剪辑过程中非常重要的环节，好的调色不但可以还原真实的色彩，还可以通过调整细节的颜色让画面更加吸引观众，同时，加入不同的色调可以让作品具有更加独特的色彩倾向，从而给观众留下更深刻的印象。

我们一般会分两个步骤来完成视频调色。第一步是一级校色，对整体画面进行曝光及颜色的校正，通常包括颜色还原、曝光校正、对比度调整、色温及饱和度调整等操作。第二步是二级调色，这一步主要对画面中指定的对象进行单独处理，包括颜色归拢、局部颜色调整等操作。一般情况下，调色应该按照先整体后局部的顺序来进行，这样既可以保证全片色彩统一，又可以形成独特且能打动观众的色彩风格。

Final Cut Pro提供的颜色校正工具可以帮助我们完成简单的颜色平衡和匹配。选择需要调色的片段，在检视器面板下方单击"选取颜色校正和音频增强选项"下拉按钮，可以看到"平衡颜色"和"匹配颜色"等选项（图7-1-1）。

选择"平衡颜色"后，软件会对片段进行分析并自动优化片段的颜色和亮度。在检查器面板中，可以对平衡颜色的方式进行更改，这里提供了"自动"和"白平衡"两种方式（图7-1-2）。选择"自动"时，只能完全依靠软件的计算来进行颜色优化；选择"白平衡"时，需要用吸管工具在画面中选择白色的区域，从而为软件的校正提供依据。

很多时候视频的画面并不需要校正为标准的颜色或者亮度，而是需要有一定的风格。这时我们可以通过样片来匹配颜色，把参考样片也放进时间线，然后选择要调色的片段，在颜色校正工具里选择"匹配颜色"，检视器面板会分成两个画面，左边的画面是参考样片，右边是要与样片匹配的片段（图7-1-3）。这时移动播放头，找到想要匹配的画面颜色单击，右边的画面会生成按照左边的画面匹配的调色结果，单击"应用匹配项"按钮，片段会自动匹配和参考片同样的色调。

以上是两种基础的颜色校正方式，大部分时候仅靠软件自动校正颜色是不能满足我们的调色需求的，因此我们还要学习更为精细的手动调色。

图7-1-1

图7-1-2

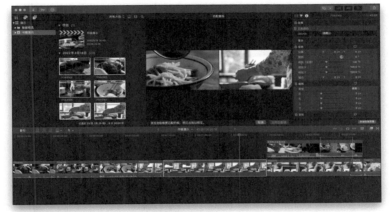

图7-1-3

7.2 调整工作区及认识颜色检查器

在手动对短视频进行颜色调整时，我们需要先把Final Cut Pro的工作区切换到"颜色与效果"，方法是依次选择菜单栏里的"窗口""工作区""颜色与效果"（图7-2-1），此时Final Cut Pro的工作区会切换到颜色调整模式（图7-2-2）。

图7-2-1

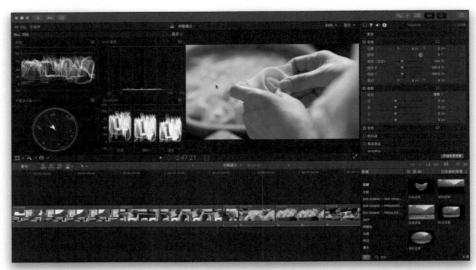

图7-2-2

随后在检查器面板中单击颜色检查器按钮（图7-2-3），就可以看到Final Cut Pro提供的颜色校正工具了（图7-2-4）。

Final Cut Pro提供了4种颜色校正工具，分别是颜色板、色轮、颜色曲线和色相/饱和度曲线。单击颜色检查器面板中的"无校正"右侧的下拉按钮，就可以看到这4种校正工具（图7-2-5）。需要注意的是，这些工具是可以叠加使用的，同时可以在视频检查器中通过拖曳来调整顺序，在Final Cut Pro的颜色校正工具中，处在下层的校正效果是在所有上层校正效果的基础上进行调整的，也就是说，如果上层的校正效果调整了曝光，那么下层在调整饱和度的时候，是在调整曝光的基础上对画面饱和度进行调整，因此调整校正的顺序可以得到不同的调色结果。

图7-2-3

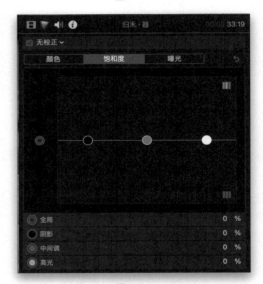

图7-2-4

图7-2-5

在当前工作区，Final Cut Pro 的左上角会显示视频观测仪（图 7-2-6）。使用视频观测仪可以准确测量片段的亮度和色度，我们可以通过多个测量工具对画面进行准确的判断及色彩校正。在默认状态下，视频观测仪以"田"字形分布，分别显示"亮度""RGB 叠层""矢量显示器""RGB 列示图"4 个测量工具。我们可以在视频观测仪右上角的"显示"下拉菜单中选择不同的工具布局方式（图 7-2-7），也可以单击每个测量工具右上角的"选取观测仪及其设置"按钮，对当前测量工具的显示方式进行调整。

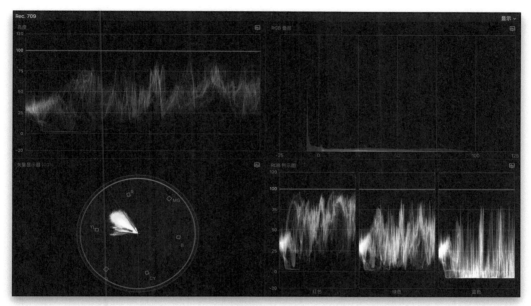

图 7-2-6

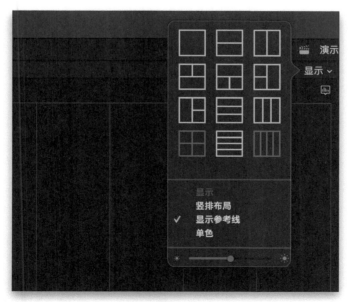

图 7-2-7

7.3 认识及使用 LUT

LUT也被称作"颜色查找表"，它本身是一组数据，使用LUT可以对视频素材进行颜色的转换。现在大部分数码相机开始像摄像机一样提供log模式的拍摄选项，log模式能提供更宽的动态范围，从而获取更多的画面信息，而使用LUT则可以帮助我们将在log模式下拍摄的素材快速还原成标准的广播规格，也就是我们常说的直出颜色。

Final Cut Pro支持两种类型的LUT，一种是摄像机LUT，另一种是自定LUT。

当我们导入素材时，Final Cut Pro会自动检测素材的元数据，当检测到相应的视频log格式后会自动为素材添加摄像机LUT，这样我们在时间线上看到的素材的颜色就是经过LUT还原后的正常色彩了。

除了Final Cut Pro内置的摄像机LUT，我们也可以自己导入相机厂商提供的摄像机LUT和其他调色师提供的创意LUT，具体的导入方法如下。

在浏览器面板或者时间线上选择一个片段，然后在检查器面板中单击"信息检查器"按钮（图7-3-1）。在左下角的下拉菜单中选择"通用"或"扩展"或"设置"（图7-3-2）。在更新显示后，打开"摄像机LUT"下拉菜单，选择"添加自定摄像机 LUT"（图7-3-3），在弹出的窗口中选择准备好的LUT文件导入即可。

如果在调色时需要使用自定的LUT，只需要选择时间线上的相应片段，按照上述流程找到"摄像机LUT"下拉菜单，选择已经导入的自定LUT就可以了。

图 7-3-1

图 7-3-2

图 7-3-3

7.4 波形图与曝光控制

（1）波形图的观察方法

在画面曝光控制的环节，需要先学会查看波形图。由于不同显示器的物理特性不同，参数设置也不尽相同，通过波形图判断画面的亮度与色度往往是最准确的。先把视频观测仪的布局改成单窗口，然后单击"选取观测仪及其设置"按钮，在"观测仪"中选择"波形"，在"通道"中选择"亮度"，这时观测仪窗口就显示出了当前帧亮度的波形图（图7-4-1）。波形图的横轴从左到右对应当前画面从左到右的每一列像素，波形图的纵轴代表图像中对应位置亮度的分布，波形图中的波峰和波谷对应画面中的亮区与暗区，波形图中的颜色与画面中的颜色相匹配，纵轴中0的位置代表绝对的黑色，100则代表绝对的白色。从图7-4-1中可以看到，画面中最暗的部分在左下角的区域，因此波形图中最左侧的波形会相对低一些，画面的中部及右侧的波形明亮且均匀，因此波形图的中部及右侧的波形也相对均匀地分布在10～90的范围内。

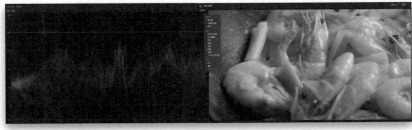

图7-4-1

（2）颜色板对曝光的调整方式

在颜色板中可以对画面的颜色、饱和度和曝光进行精确调整，这里我们重点来看曝光。选择颜色板的"曝光"选项卡后，可以看到从左到右4个圆形滑块（图7-4-2），它们分别对应画面的全局、阴影、中间调及高光。全局是对画面整体进行控制，而阴影、中间调及高光是对不同亮度的区域分别进行控制。向上拖曳滑块会提高相应区域的亮度，向下拖曳滑块则会降低相应区域的亮度。

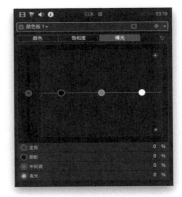

图7-4-2

（3）画面反差（对比度）的选择与控制

画面的反差或对比度通常指画面最亮处和最暗处之间的差异。如果一个画面的亮部不是很明亮，暗部不是很黑暗，就会被认为是一个低反差或低对比度的画面；反之，如果画面的亮部十分明亮，暗部足够黑暗，就会被认为是高反差或高对比度的画面。摄影师和调色师通常会将画面的可用对比度最大化，让画面拥有最大的影调范围。为了做到这一点，可以拖曳高光控制滑块让画面的最亮部接近波形图中亮度为100的横线，再拖曳阴影滑块让画面的暗部接近波形图中亮度为0的横线（图7-4-3）。通常情况下，画面反差会对整个片段给人的视觉感受产生很重要的影响，因此对反差的调整应该谨慎，要对画面反差有明确的控制目标，不要盲目地去做调整。

图7-4-3

7.5 矢量显示器与饱和度控制

（1）矢量显示器的观察方法

矢量显示器是观察图像色相及饱和度的重要工具。单击"选取观测仪及其设置"下拉按钮，选择"矢量显示器"（图7-5-1），此时观测仪窗口就显示出了矢量显示器。

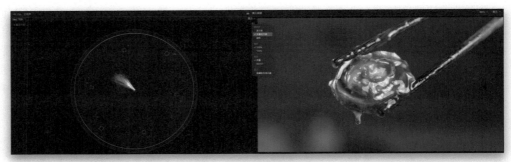

图7-5-1

矢量显示器是一个圆形（图7-5-2），边缘的圆形标尺显示颜色分布，我们分别可以看到红色、绿色、蓝色三原色及它们的补色青色、洋红色、黄色。视频中的颜色用由中间向四周扩散的波形来表示，圆形标尺的角度表示颜色的色相，从标尺中心到外圈的距离表示当前显示颜色的饱和度，标尺中心为0饱和度，标尺外圈为最大饱和度。

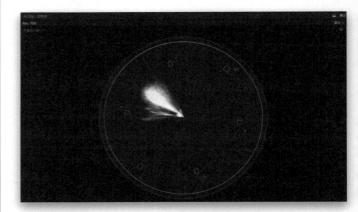

图7-5-2

（2）颜色板对饱和度的调整方式

回到颜色板，选择"饱和度"选项卡（图7-5-3），在这里同样有全局、阴影、中间调及高光4个圆形滑块，既可以对整体画面进行饱和度的提升与降低，也可以单独调整高光、阴影及中间调的饱和度。向上拖曳滑块可以增加饱和度，向下拖曳滑块则会降低饱和度。

图7-5-3

图 7-5-4

（3）针对性调整饱和度

针对不同光区进行饱和度调整可以在很大程度上提升画面品质。通常情况下，降低高光及阴影区域的饱和度会让画面看起来更中性，高光更白，阴影区域更干净；反之会让画面色彩更加浓郁。我们也可以根据需要只调整某个单独光区的饱和度，例如人物肤色一般都在中间调的区域，适当降低中间调的饱和度可以让人物皮肤更白（图 7-5-4），反之则会让肤色更黄。

7.6 色轮的使用

在颜色检查器面板中，我们可以为所选片段添加色轮校正（图 7-6-1）。选择"色轮"后，可以使用全局、阴影、中间调和高光 4 个色轮来调整片段的颜色（图 7-6-2），也可以使用各色轮两侧的滑块来调整饱和度和亮度（图 7-6-3）。上下拖曳色轮左侧滑块可以调整对应光区的饱和度，向上拖曳滑块增加饱和度，向下拖曳滑块减少饱和度；上下拖曳色轮右侧滑块可以调整对应光区的亮度，向上拖曳滑块增加亮度，向下拖曳滑块减少饱和度。

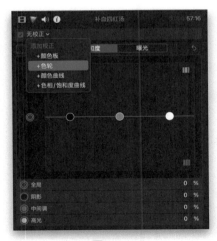

图 7-6-1

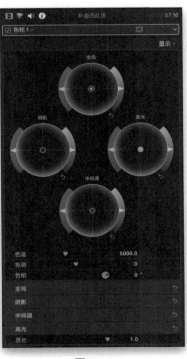

图 7-6-2

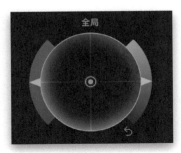

图 7-6-3

需要注意的是，这个环节对饱和度及亮度的调整是和调整颜色板对画面的影响基本一致的，因此不需要每个步骤都进行调整。

拖曳色轮中间的颜色控制按钮可以调整画面的颜色（图7-6-4）。在不同光区调整颜色既可以校正画面颜色，也可以让画面出现独特的色彩风格。以青橙色为例，调色时在阴影色轮将颜色控制按钮拖曳至青色区域，在高光色轮将颜色控制按钮拖曳至橙色区域，画面就会呈现出明显的青橙色对比，此时再根据画面细节调整中间调色轮，就可以得到青橙色风格的画面（图7-6-5）。

在色轮面板中，还可以对画面的色温、色调和色相进行调整。

向左拖曳色温滑块可以给画面增加蓝色调，向右拖曳可以给画面增加橙色调，当把色温设置成与拍摄现场光线色温一致时，会获得接近自然的画面。当把色温设置成比拍摄现场色温低时可以获得相对清冷的画面，反之则会获得相对温暖的画面（图7-6-6）。

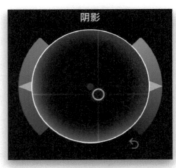

图7-6-4

图7-6-5

向左拖曳色调滑块会将绿色添加到画面中,向右拖曳会将洋红色添加到画面中。通过对色调的调整,我们可以消除画面中多余的绿色或者洋红色,从而达到微调白平衡的目的(图7-6-7)。

我们可以通过拖曳色相滑块或者设定数值来将当前画面的颜色变成色轮周围的任意色相(图7-6-8)。

当我们想要还原对色轮或者滑块的调整时,可以单击"还原"按钮进行复位。

图7-6-6

图7-6-7

图7-6-8

7.7 颜色曲线

颜色曲线用于调整画面的亮度及任意单个颜色,既可以单独调整红色、绿色、蓝色通道,也可以用吸管工具吸取任意颜色进行调整。在颜色检查器左上角的下拉菜单中选择"颜色曲线"就可以为所选片段添加颜色曲线(图7-7-1)。颜色曲线默认是一条从左下到右上的斜线,横轴从左到右代表画面的暗部到亮部,纵轴代表画面中该颜色的密度。在曲线上单击可以创建控制点,向上或向下拖曳控制点可以增加或降低所选颜色的密度。

拖曳最上端的亮度曲线两端的控制点可以对画面中的黑点和白点进行控制(图7-7-2),在曲线中间添加控制点后上下拖曳则可以对不同光区的亮度进行控制(图7-7-3)。这里对亮度的控制效果与颜色板及色轮中对亮度的控制效果是一致的,因此可以按照个人喜好选择而不需要重复操作。

在不同颜色曲线上添加控制点并进行拖曳可以在画面任意光区增加或减少颜色密度(图7-7-4)。除了默认的红色、绿色、蓝色3条曲线,也可以自定颜色进行调整。单击颜色曲线顶部的吸管图标,然后在画面中选择颜色,就可以对选取的颜色进行调整(图7-7-5)。也可以单击颜色曲线的名称,然后在色轮中选取颜色进行调整(图7-7-6)。当我们需要缩小调整的色调范围时,可以添加多个控制点进行范围控制。如果要还原颜色曲线,可以单击"还原"按钮复位。

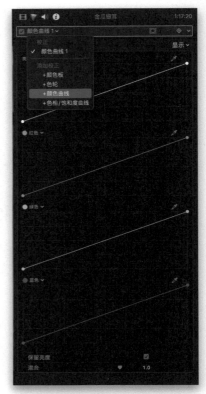

图7-7-1

图7-7-2

图 7-7-3

图 7-7-4

图 7-7-5

图 7-7-6

7.8 色相/饱和度曲线

Final Cut Pro提供了6条色相/饱和度曲线，通过这些曲线，我们可以对画面中任意颜色的色相、饱和度及亮度进行调整，也可以对画面中特定亮度的饱和度进行控制。

在颜色检查器左上角的下拉菜单中选择"色相/饱和度曲线"（图7-8-1），就可以进入色相/饱和度曲线校正面板。单击"显示"下拉按钮，可以选择一次性显示所有曲线，也可以选择一次只显示一条曲线（图7-8-2）。下面按照3个不同的使用方向对色相/饱和度曲线进行讲解。

图7-8-1

（1）调整某种颜色的色相、饱和度或亮度

这里会用到色相vs色相、色相vs饱和度、色相vs亮度3条曲线，其中的"vs"我们可以理解为"的"，当我们想把画面中的某种颜色变成另一种颜色，或者更改其饱和度、亮度时就可以在这3条曲线上进行操作。在曲线的右上角选择吸管工具，然后单击画面上想要选取的颜色，对应曲线上会出现3个控制点，中间的控制点表示选择的颜色，外侧的两个控制点会将所选颜色控制在较窄的范围，拖曳两侧的控制点也可以根据需要放大或缩小范围，上下拖曳中间的控制点就可以为所选颜色更改色相、饱和度或亮度（图7-8-3）。在色相vs色相曲线中，上下拖曳控制点可以使所选颜色在色轮周围的不同颜色之间循环变化；在色相vs饱和度曲线中，向上拖曳控制点可以增加饱和度，向下拖曳则降低饱和度；在色相vs亮度曲线中，向上拖曳控制点可以增加所选颜色的亮度，向下拖曳则降低所选颜色的亮度。

（2）调整某个亮度范围的饱和度

通过亮度vs饱和度曲线，我们可以对画面中不同的亮度范围进行饱和度调整。曲线的左侧代表画面暗部区域，中间部分代表画面中间调区域，右侧代表画面的亮部区域，使用吸管工具单击画面需要调整的位置，曲线上会添加3个控制点，向上拖曳控制点可以增加对应的饱和度，向下拖曳则降低饱和度（图7-8-4）。如果需要调整所选的亮度范围，可以左右拖曳两侧的控制点。如果需要调整不同亮度范围的饱和度，可以单击曲线增加新的控制点，再根据需要进行调整（图7-8-5）。

图7-8-2

（3）调整某个饱和度范围的饱和度

通过饱和度vs饱和度曲线，我们可以对画面的不同饱和度区间进行单独的饱和度调整，例如增加低饱和度区域的饱和度，或者降低高饱和度区域的饱和度，可根据调色需求灵活调整。通过这些个性化的调整，可以获得独有的色彩风格。它的使用方式和前几条曲线一致，使用吸管工具单击画面即可完成饱和度范围的选取，向上拖曳中间的控制点可以增加饱和度，向下拖曳中间的控制点则可以降低饱和度（图7-8-6）。

图 7-8-3

图 7-8-4

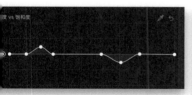

图 7-8-5

图 7-8-6

转场与特效

- 常用转场的应用
- 认识效果浏览器与应用效果

8.1 常用转场的应用

转场也叫过渡，是指在指定时间段内将一个镜头替换成另一个镜头。在不同片段之间增加转场效果，能够让片子更加有趣、生动。

在时间线面板的右上角单击"显示或隐藏转场浏览器"按钮（图8-1-1），打开转场浏览器后，可以看到Final Cut Pro内置了很多不同类别和风格的转场效果供使用者选择。我们可以使用面板最下方的搜索栏搜索想要的转场效果，也可以在网上找一些转场效果，将其安装后使用。

图8-1-1

下面以一个常见的转场——交叉叠化为例进行演示，它的效果就是从一个画面渐渐叠化到另一个画面。添加时，我们需要在转场浏览器中选择"交叉叠化"（图8-1-2），将其拖曳到两个片段之间的位置（图8-1-3），然后松开鼠标，一个交叉叠化的转场效果就添加进来了。转场效果在时间线上显示为一个灰色区域，拖曳转场效果的两侧可以控制转场效果的时长（图8-1-4）。这里需要注意，与直接接合两个片段不同，由于转场效果是建立在两个片段叠加部分的效果，因

图8-1-2

图8-1-3

图8-1-4

图8-1-5

图8-1-6

此建立转场效果时，前一个片段的结尾和后一个片段的开头都需要有额外的素材。如果没有，软件会弹出提示对话框（图8-1-5），此时如果继续创建转场，软件会缩短片段时长来生成转场，这样做会导致时间线的总时长发生变化。

除了直接拖曳，还可以选中一个剪辑点，按快捷键command+T，直接在这个剪辑点上添加一个默认的转场，软件默认的转场就是"交叉叠化"。我们可以更改默认转场，例如把默认转场更改成"淡入淡出到颜色"，只需要在这个转场效果上单击鼠标右键，在弹出的快捷菜单中选择"设为默认"（图8-1-6）。重新设置完默认转场后，再选择剪辑点，按快捷键command+T时，添加的就是新的默认转场了。

刚接触剪辑的读者往往会陷入一个误区，觉得在所有片段之间都添加转场会让影片看上去更舒服自然。其实不然，使用转场效果时应该谨慎且有明确目的，一般情况下，只有相邻片段的过渡比较生硬时才会考虑添加转场效果，因此要认真思考后再决定是否添加。

8.2　认识效果浏览器与应用效果

　　效果浏览器的按钮与转场相邻，同在时间线的右上角（图8-2-1）。软件将所有效果分为视频效果和音频效果两大类，效果的使用非常简单。例如，如果我们想给片段添加一个老电影风格的效果，那么就可以直接把"老电影"效果从效果浏览器拖曳到时间线的片段上（图8-2-2）;或者选中片段后，在效果浏览器中双击"老电影"效果。

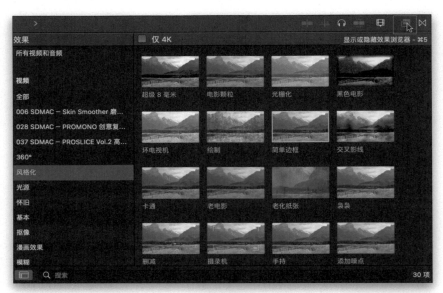

图8-2-1

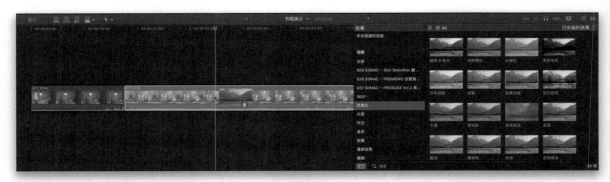

图8-2-2

图8-2-3

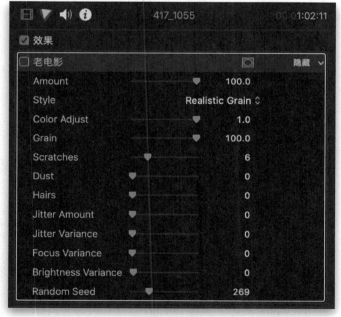

图8-2-4

添加好效果以后，可以在检查器面板中找到添加的效果（图8-2-3）。当前添加的是"老电影"效果，我们可以在这里调整它的效果值和参数。如果取消勾选"老电影"（图8-2-4），则这个效果就会被临时隐藏，我们也可以随时再把它勾选上，继续应用这个效果。如果想在检查器面板中彻底删除效果，只需要选择效果后再按delete键。

Final Cut Pro提供了大量的视频和音频效果，可以为剪辑带来很大的帮助。除了软件自带的效果，我们也可以找到自己需要的第三方效果并安装进来，应用到自己的剪辑作品中。

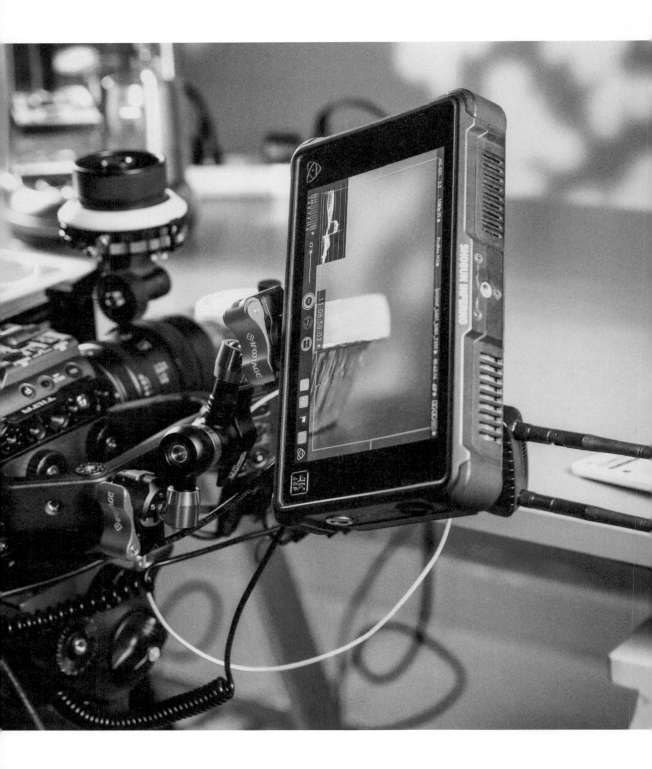

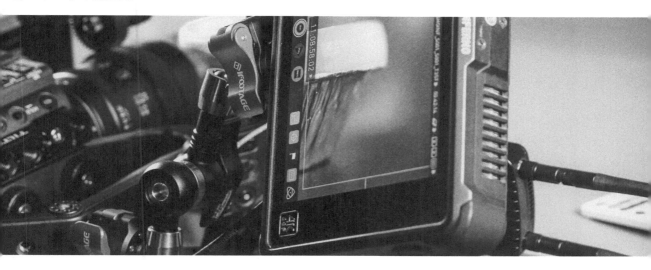

字幕的应用

- 字幕的添加与使用
- 字幕样式

9.1　字幕的添加与使用

当我们完成整个短视频的精剪后，就要开始对它进行修饰，这其中最重要的工作之一就是添加字幕。

打开字幕面板（图9-1-1），其中有很多种不同的字幕样式，我们可以根据剪辑需求进行选择。

确定好需要的字幕样式后，直接把字幕拖曳到时间线上层就可以添加字幕（图9-1-2）。在右侧的字幕检查器里可以查看字幕的属性，还可以对字幕的字体、字号、颜色、动画效果等参数进行调整（图9-1-3）。单击字幕检查器左上角第二个按钮，打开文本检查器，可以在文本框里输入字幕内容，并对字幕的显示进行更详细的设置，如对齐方式、垂直对齐方式、行间距、字距等，同时还可以对字幕在画面中的位置、缩放及旋转进行控制。

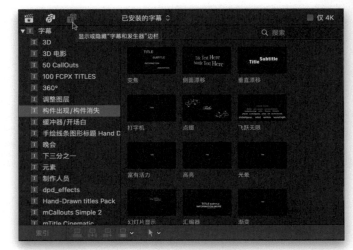

图9-1-1

图9-1-2

图9-1-3

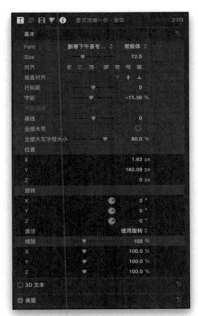

图9-1-4

如果要调整字幕出现的时长，可以拖曳时间线上字幕片段的起点和结束点（图9-1-4）。拖曳整体字幕片段，可以调整字幕在视频中出现的时间点（图9-1-5）。

图9-1-5

图9-1-6

如果我们要添加的是基本字幕，则不需要每一次都从字幕库里往时间线上拖曳基本字幕的字幕样式，可以把播放头移动到需要添加字幕的位置，按快捷键control+T，这时软件会自动添加基本字幕到时间线，时长是10秒。我们也可以将其他的字幕样式设置为默认的字幕样式。在字幕库中选择要更改的字幕样式，单击鼠标右键，在弹出的快捷菜单中选择"设为默认字幕"即可（图9-1-6）。

9.2　字幕样式

在介绍了如何添加和调整字幕后，本节讲解一些复杂的字幕用法。

有时我们在时间线上设置了一个自定的字幕样式，例如给字幕添加了边框，改变了颜色，同时更换了字体并调整了字号。如果想把这个字幕样式传递给其他字幕，就需要用"存储和调用字幕"属性把当前字幕样式作为范本存储下来。具体做法如下。

首先选择已经设定好字幕样式的字幕条，然后在文本检查器中单击"正常"右侧的下拉按钮（图9-2-1），选择"存储所有格式和外观属性"（图9-2-2），在弹出的"存储预置"对话框中输入新

图9-2-1

预置的名称，最后单击"存储"按钮（图9-2-3），这样这个字幕样式就会被存储下来。我们打开下拉菜单就可以看到新的字幕样式（图9-2-4）。

此时我们添加一条字幕到时间线上，选中字幕条，打开文本检查器顶部的下拉菜单，选择自定义的字幕样式，就可以看到刚刚添加的字幕已经调整成了自定义的字幕样式（图9-2-5）。当时间线上有多条字幕需要统一样式时，可以选中所有需要更改的字幕，然后按照上述操作修改字幕样式。

需要注意，如果要删除自定义的字幕样式，在Final Cut Pro里是不能完成的。需要打开"访达"，在菜单栏中选择"前往"，再选择"前往文件夹"（图9-2-6），在弹出的对话框中输入"~/Library"（图9-2-7），然后双击资源库路径，在弹出的窗口中依次选择"Application Support""Motion""Library""文本风格"（图9-2-8），在这个文件夹里，每个自定义的文本风格都有3个文件，将自定义的3个文本风格文件删除，再重启Final Cut Pro，字幕样式就被删除了。

图9-2-2

图9-2-3

图9-2-4

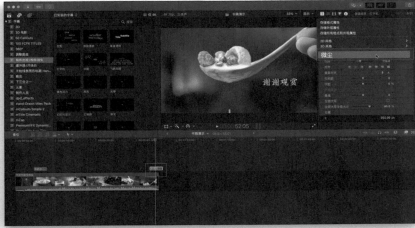

图9-2-5

图9-2-6

图9-2-7

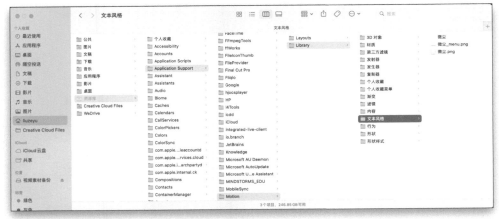

图9-2-8

作品的导出

- 认识导出面板
- 扩展知识

10.1 认识导出面板

在前面几章，我们完成了素材的整理、编辑、调色等一系列步骤，下面我们要将成片导出并分享。

在导出成片之前，我们需要重新检查一下时间线，如果结尾存在空隙片段，导出后视频结尾的部分会出现没有内容的纯黑画面。因此一定要注意在导出成片之前检查结尾是否存在空隙片段，如果有就要先将其清除（图10-1-1）。

图10-1-1

在Final Cut Pro工作区的右上角，单击"共享项目、事件片段或时间线范围"按钮（图10-1-2），会弹出快捷的导出设置，这里通常选择默认的导出选项"导出文件（默认）"（图10-1-3），快捷键是command+E，在"导出文件"对话框中可以对视频重新命名。左侧是视频预览画面，我们可以通过左右拖曳操作来快速浏览全片内容，下方是当前项目的一些参数，包含分辨率、时长、预估导出的文件大小等（图10-1-4）。

图10-1-2

图10-1-3

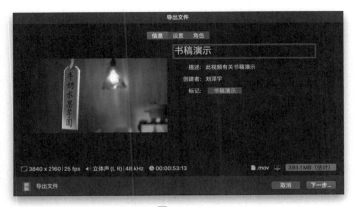

图 10-1-4

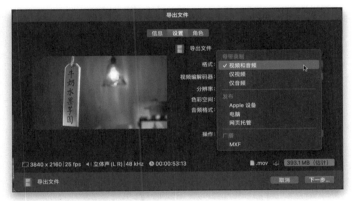

图 10-1-5

在"导出文件"对话框中，我们最常用的是"设置"选项卡。打开"设置"选项卡后，在"格式"下拉菜单中选择"视频和音频"（图10-1-5），软件会导出适用性较强的MOV格式的视频文件。如果我们不需要导出声音或者不需要导出画面，就可以选择"仅视频"或"仅音频"。

视频解码器选项提供了很多数字视频压缩格式，其中最常用的就是"H.264"。如果对导出的视频有更高要求，也可以根据要求选择其他格式，通常情况下，H.264是适用性最强的（图10-1-6）。

在"操作"下拉菜单中，通常选择"仅存储"（图10-1-6），这样导出后的影片会存放到我们选择的存储路径，也可以选择导出后用QuickTime打开，还可以发送到Compressor中进行转码压缩，从而方便网络传输或者给客户看影片小样。

图 10-1-6

设置好后单击"下一步"按钮，软件会弹出对话框（图10-1-7），在"存储为"文本框中可以对视频重新命名，在"位置"后的路径中可以选择视频的存储位置。确认上述信息后单击"存储"按钮，软件后台就会开始渲染视频。

以上是导出整个视频的方法，如果我们只需要导出全片的一部分，那就需要用到范围选择工具，快捷键是R，选择需要导出的片段范围（图10-1-8），然后再执行上述步骤，就可以只导出选择的片段。

图10-1-7

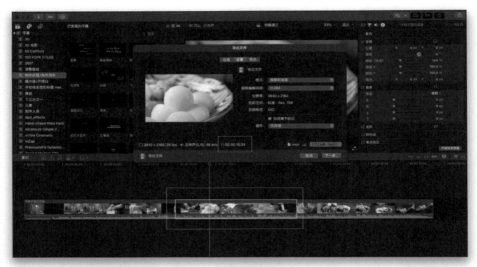

图10-1-8

当后台渲染完成后，视频就被成功导出到我们选择的存储位置了。

接下来，我们进一步了解导出面板。当我们选择"添加目的位置"时（图10-1-9），软件会弹出新的对话框（图10-1-10）。对话框左侧是我们常用的导出方式，右侧是可供选择的导出方式，我们可以直接从右侧列表框中拖曳需要的导出方式到左侧列表框中，也可以整理常用的导出方式，把想要放在首选项的导出方式向上调整，或把不需要的导出方式删除。

图10-1-9

图10-1-10

这里介绍两个我们可能会用到的导出方式。第一个是"导出图像序列"（图10-1-11），选择"导出图像序列"时，导出后得到的不是一个视频文件，而是由一系列图片组成的序列帧，软件会按照项目的帧速率导出对应数量的图片。

第二个是"存储当前帧"（图10-1-12），选择"存储当前帧"时，可以将时间线上当前选择的帧导出成图片文件，方便我们添加视频封面等。

图10-1-11   图10-1-12

10.2 扩展知识

在导出视频后，我们的工作并没有结束，往往还需要对工程文件进行整理和归档。我们先对资源库进行整理。选择当前资源库，可以在检查器面板中看到资源库文件非常大（图10-2-1），占用了很多存储空间，这主要是因为我们在剪辑预览时生成了很多渲染预览文件，而这些预览文件随着我们的修改都会失效，我们需要把这些失效的预览文件删除。具体的操作方法：先选择要清理的资源库，然后在"文件"菜单中选择"删除生成的资源库文件"（图10-2-2），在弹出的对话框中，可以

图10-2-1

勾选"删除渲染文件""删除优化的媒体""删除代理媒体"。如果只想删除没用的文件，那就可以在"删除渲染文件"下选择"仅未使用"（图10-2-3），这样软件就只删除没有使用的渲染文件；如果想尽可能地压缩整个资源库大小，那就在"删除渲染文件"下选择"全部"，软件就会删除全部的渲染文件，删除后资源库文件会变得很小，不会占用很多空间。

在前面素材的导入部分，讲到导入素材分为两种情况：一种是复制到资源库，另一种是让文件保留在原位。当我们选择"让文件保留在原位"时，需要完整地打包工程文件以方便到另一台计算机中进行剪辑，就可以对所有内容进行整合。选择资源库后，在"文件"菜单中选择"整合资源库媒体"（图10-2-4），在弹出的对话框中就可以整合优化的媒体和代理媒体（图10-2-5）。对话框中默认勾选了所有复选框，直接单击"好"按钮，软件就会开始收集所有的视频，并且把所有的视频都复制到资源库中，完成后就可以直接把整个资源库复制到一台新的计算机上继续进行剪辑。

图10-2-2

图10-2-3

图10-2-4

图 10-2-5

图 10-2-6

在影视工业流程中，剪辑师一般不做调色工作，调色工作由单独的调色部门来完成，因此剪辑师就需要把工程文件上的时间线转移给调色部门。

选择需要输出的时间线，在"文件"菜单中选择"导出 XML"（图 10-2-6），这样可以导出 XML 文件。调色师在调色软件中导入 XML文件和影片素材，就能完整地导入时间线进行调色处理了。

短视频剪辑实战

- 整理素材
- 创建项目和导入素材
- 粗剪
- 加入音乐和精剪
- 颜色的调整
- 添加转场与字幕
- 导出作品

11.1 整理素材

第2~10章按照常用的剪辑顺序讲解和演示了使用Final Cut Pro进行短视频剪辑的过程，本章将演示剪辑一条短视频的全过程，以此来梳理和总结Final Cut Pro在短视频剪辑中的应用。这个剪辑过程录制成了视频，读者朋友可以扫描本章末尾处的二维码查看。

在开始剪辑之前，我们先来了解一下本次剪辑的素材情况。

作品选题：黄米粽

使用设备：索尼Fx6

画面比例：9∶16竖版拍摄

分辨率：4K（3840×2160）

拍摄帧率：25帧/秒

拍摄格式：Sony S-Log3/S-Gamut3.Cine

再来看一下出片要求。

剪辑风格：温暖抒情

出片画面比例：9∶16

分辨率：4K

出片帧速率：25帧/秒

输出编码：H.264

输出格式：MOV

剪辑时长：90秒内

字幕：有

人声旁白：无

作为剪辑人员，以上信息是务必要在开始剪辑前明确的，只有全面掌握了这些信息，才能确保全片剪辑不会出现问题，同时明确了剪辑的基本方向。

了解素材情况和剪辑方向以后，接着要做的就是整理素材。因为本片在拍摄期间已经按照脚本顺序记录了有效素材的文件名称，所以整理素材阶段会相对简单。我们先在所有素材中把有效素材标记出来，这里给有效素材添加红色标记（图11-1-1），然后按照标记对素材进行整理（图11-1-2），把所有有效素材集中到一起。我们把全部有效素材放进名为"有效素材"的文件夹中（图11-1-3），通过预览来播放素材，与脚本进行核对，确认素材没有问题后，就完成了素材的初步整理。

图11-1-1

图11-1-2

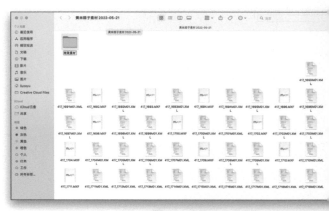

图11-1-3

11.2 创建项目和导入素材

素材初步整理好后，我们进入剪辑环节。

图11-2-1

图11-2-2

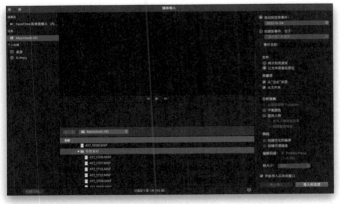

图11-2-3

先创建剪辑项目，打开Final Cut Pro，依次选择"文件""新建""资源库"（图11-2-1），创建名为"黄米粽"的资源库。之后在当前日期下的事件中创建新项目，命名为"黄米粽"，设置视频格式为垂直、分辨率为2160×3840、帧速率为25p（图11-2-2）。

项目创建好后我们来导入素材，单击"导入"按钮打开导入面板，在文件路径中找到有效素材文件夹，在面板右侧选择"让文件保留在原位"，其他选项保持默认设置，单击"导入所选项"按钮（图11-2-3），即可将素材导入事件中。

11.3 粗剪

接下来我们开始粗剪。按照脚本顺序将有效素材全部拖曳到时间线上（图11-3-1）。这里需要注意，第3章中讲过，我们在资源库面板中同样可以完成素材出入点的调整，把冗余的画面去除，但是这里选择在时间线上进行处理，原因是本次拍摄的是竖版素材，如果在资源库面板中处理出入点，预览时不方便查看画面，而在时间线上就可以将素材旋转后再进行处理。

将素材放到时间线上之后，可以看到所有的素材都是横着放置的（图11-3-2），接下来需要把全部素材旋转并放大，才能让素材符合项目要求。选择所有素材，在检查器面板的"旋转"选项处输入"－90"并按回车键（图11-3-3），可以看到素材已经被旋转到了正确方向，但是旋转后的素材没有完全覆盖项目区域，因此需要对素材进行放大处理。在检查器面板里向右拖曳"缩放（全部）"的滑块，对素材进行放大，直到素材完全覆盖项目区域（图11-3-4），这样就可以进行出入点的调整了。

通常情况下，使用选择工具对片段出入点进行调整。去掉片段开头和结尾的冗余部分，留下可用的部分，按空格键控制片段的播放和暂停，拖曳片段开头和结尾（图11-3-5），就可以完成出入点的调整。用同样的方法处理所有片段，即可完成全片的粗剪工作。

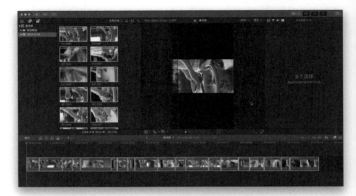

图11-3-1

图11-3-2

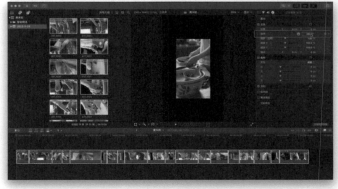

图11-3-3

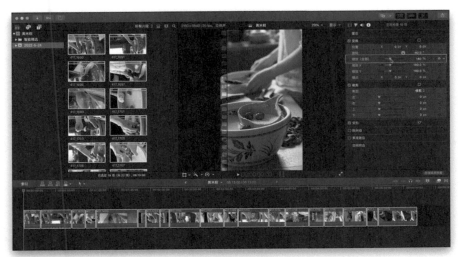

图11-3-4

图11-3-5

11.4　加入音乐和精剪

粗剪好素材后，我们将准备好的音乐拖曳到时间线上（图11-4-1），开始精剪。这一步的剪辑需要我们对全片的节奏有全面的掌握，先要根据音乐的节奏对片段的时长进行调整，这里选择一首自然风格的音乐作为视频的背景音乐，在视频正式开始前有字幕出现在画面中，在这里先不添加字幕，而是添加一个空隙，把字幕的时长留出来（图11-4-2），然后继续处理后面的画面。在这个环节，我们可以按照音乐的节奏来处理每个片段的时长，在音乐的节奏点切换画面，这样可以让画面的转换更加贴合音乐，全片给人的视听感受也会更加舒服。

图11-4-1

图11-4-2

在精剪阶段，还需要注意对画面的细节进行处理。例如417_1715这个片段（图11-4-3），画面中的主体及背景区域的置物架有点歪，因此我们需要对这个画面进行旋转。单击"变换"按钮，旋转并适当放大画面，画面就被校正好了（图11-4-4）。

图11-4-3

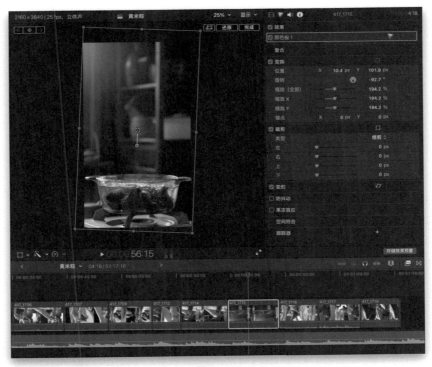

图11-4-4

除了对画面的处理，我们还需要改变一些片段的速度。例如片段417_1699（图11-4-5），这是一个滑动向前推进的镜头，拍摄时为了确保画面稳定，向前推进的速度很慢，我们需要调整片段的速度让画面节奏更贴合音乐，因此在片段的后段选择切割速度，然后把前段的速度调整为原始速度的453%，即大约4.5倍（图11-4-6），这样就完成了这个片段的速度调整，形成了先快后慢的视觉推进效果。

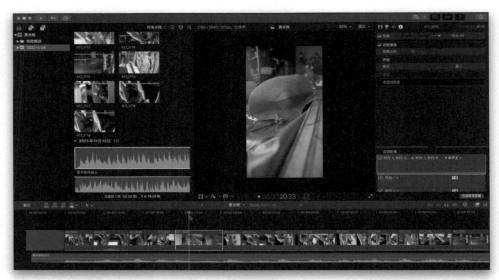

图11-4-5

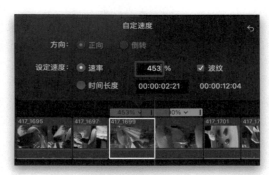

图11-4-6

全部片段都处理完成后，这条片子的精剪工作就完成了，接下来进行素材的调色。

11.5　颜色的调整

在开始调色前，我们先来还原一下色彩。本片的素材是使用索尼相机的S-Log3格式拍摄的，在导入素材时，系统已经为我们自动添加了还原LUT（图11-5-1），因此在调色时我们有两个选择，一个是在加载还原LUT的基础上进行色彩调整，另一个是在原片的基础上进行色彩调整。对于刚入门剪辑调色的读者，建议用第一种方式进行调色，难度会低一些，因此下面按照第一种方式进行演示。如果你想尝试在原片的基础上开始调色，只需要选择素材后在"摄像机LUT"选项中选择"无"，素材就会恢复为原始的灰片（图11-5-2）。

图11-5-1

图11-5-2

我们选择在加载还原LUT后进行调色。第一步是曝光和画面反差校正。把工作区调整到"颜色与效果"模式，打开波形图对画面进行监测（图11-5-3），观察波形图，可以看到当前片段的高光和阴影并没有完全打开，即高光没有接近波形图100的位置，阴影也没有接近0的位置（图11-5-4）。因此我们需要在颜色板上进行曝光调整，先将高光滑块向上拖曳，让高光部分的波形接近100，然后将阴影滑块向下拖曳，让阴影部分的波形接近0（图11-5-5）。对比调整前后的画面，可以看到调整后的画面变得更通透、自然。

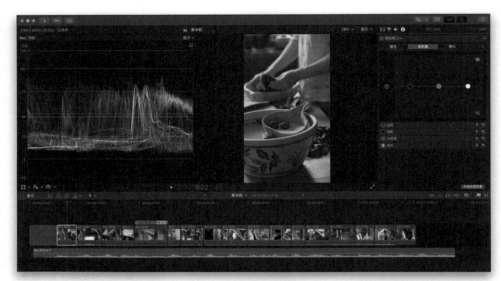

图11-5-3

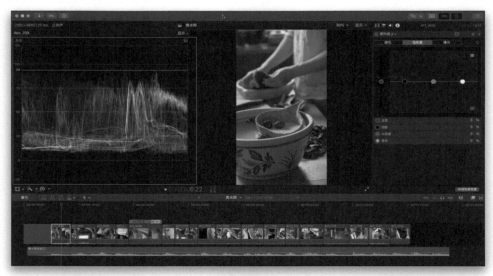

图11-5-4

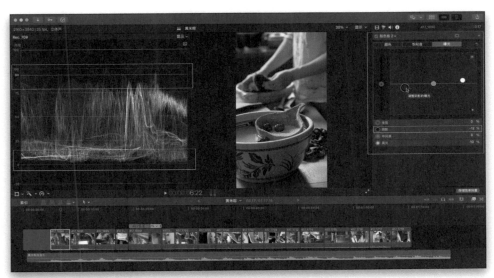

图11-5-5

第二步是对画面的饱和度进行调整。本片的调色思路是将画面中间调部分的饱和度提高，将高光和阴影部分的饱和度降低，从而突出画面中间调的表现力。我们在颜色板里添加一个色轮，降低高光和阴影的饱和度，同时提高中间调的饱和度（图11-5-6），这样画面中间调的色彩就会更加突出。

第三步是给画面填充色彩。由于本片的调色风格倾向于青橙色调，因此可以将阴影色轮中间的控制点向青色拖曳，将高光色轮的控制点向橙色拖曳，再将中间调色轮的控制点向橙黄色拖曳（图11-5-7），这样就得到了青橙色调的画面。

图11-5-6

图 11-5-7

　　按照上述步骤对所有片段进行色彩处理，这样对本片的调色就完成了。由于本片的色彩相对简单，因此并不需要做很多局部调色的操作，只需要对整体的曝光和色彩进行把控就可以实现想要的效果。

11.6　添加转场与字幕

　　通过对整条视频的节奏的掌控，这里将煮粽子的画面作为全片的转折点，因此我们需要在这个画面的前后添加转场，在片段前端添加"交叉叠化"转场，在片段后端添加"淡入淡出到颜色"转场（图11-6-1），通过这两个转场来实现画面的转折。之后在视频开头的空隙和第一个片段之间添加一个"淡入淡出到颜色"转场（图11-6-2），实现标题字幕显示后画面淡入的效果（图11-6-3）。

图 11-6-1

图11-6-2

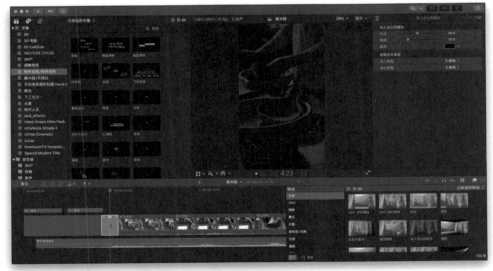

图11-6-3

　　接下来添加字幕。在视频开头添加两段字幕，字幕样式使用"渐变"，选择喜欢的字体并调整字号，这样就得到了标题字幕（图11-6-4）。再在视频结尾添加两段渐变字幕，分别输入结尾引用的诗句，调整字体和字号。这里需要注意，本片结尾两行文字是先后出现，再先后淡出的，因此就需要将两条字幕错开一些距离，从而让第二句诗的出现和淡出晚于第一句诗（图11-6-5）。由于这不是一条教学视频，也没有旁白，因此不需要再添加其他字幕了，本片的字幕就此添加完成。

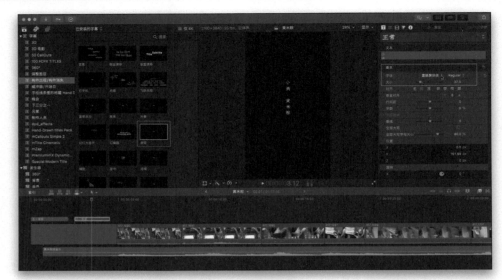

图11-6-4

图11-6-5

11.7　导出作品

完成前面的操作之后，本节我们来导出作品。

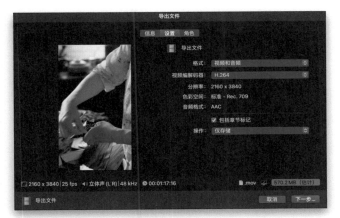

图11-7-1

图11-7-2

单击"共享项目、事件片段或时间线范围"按钮，选择"导出文件（默认）"，在"设置"选项卡中设置"格式"为"视频和音频"，"视频编解码器"选择"H.264"，"操作"选择"仅存储"（图11-7-1），然后单击"下一步"按钮。确认视频名称和存储位置后单击"存储"按钮（图11-7-2），后台渲染完成后视频就顺利导出了。以上就是这条视频的完整剪辑过程。

扫描本页二维码，可以观看本案例剪辑的完整过程。

后记

在本书即将出版时，回顾所有的内容，我发现自己对Final Cut Pro的整理只完成了一小部分。这款强大、好用的软件有太多值得挖掘和掌握的内容，对短视频创作人来说，它有很多专业功能是剪辑中较少用到的，因此本书没有进行更加深入的整理和展现。本书适合Final Cut Pro的初学者使用，学习完本书后，你可以更加迅速地完成短视频剪辑工作。同时，本书可以作为一本随时查阅的工具书，能够在你使用软件遇到问题时提供解决方案。截至本书出版时，Final Cut Pro还仅支持特定的系统，但这并不是限制，而是体现了专业性，我与你们一样期盼这个软件的适配度越来越高，成为更多人钟爱的剪辑软件。本书在表达方面有很多个人观点，不足之处在所难免，还望读者朋友们多包涵，你们的支持和鼓励将是我前进的最大动力。

如阅读完本书依然有困惑，欢迎关注公众号"旧食课堂"，留言与我们探讨，也期待能与你在北京的旧食课堂见面。